"十四五"职业教育国家规划教材

"十三五"江苏省高等学校重点教材
（编号：2019-2-223）

"十四五"职业教育江苏省规划教材

高等院校
艺术设计精品系列教材

U0392601

居住空间设计

项 目 式

微课版

第2版

╋ 蔡丽芬 编著

人民邮电出版社

北 京

图书在版编目（CIP）数据

居住空间设计 : 项目式 : 微课版 / 蔡丽芬 编著
. -- 2版. -- 北京 : 人民邮电出版社，2023.7
高等院校艺术设计精品系列教材
ISBN 978-7-115-61793-4

Ⅰ. ①居… Ⅱ. ①蔡… Ⅲ. ①住宅－室内装饰设计－
高等学校－教材 Ⅳ. ①TU241

中国国家版本馆CIP数据核字(2023)第088769号

内 容 提 要

本书以理论与项目实战相结合的方式，全面、系统地介绍了居住空间设计的理论知识与项目实训。
内容共分为认知准备篇和项目实训篇两大部分。认知准备篇包括认识居住空间设计、家装设计师岗位
与工作流程分析、居住空间设计流派与风格分析、居住空间设计要素分析、居住空间各区域设计要点
5 个学习项目；项目实训篇包括居住空间设计准备、初步方案设计、施工方案设计、设计方案实施 4
个学习项目，全方位介绍了居住空间设计的内容。

本书适合作为职业院校居住空间设计相关课程的教材，也可供家装设计爱好者自学参考。

◆ 编　著　蔡丽芬
　　责任编辑　桑　珊
　　责任印制　王　郁　焦志炜
◆ 人民邮电出版社出版发行　　北京市丰台区成寿寺路 11 号
　　邮编　100164　　电子邮件　315@ptpress.com.cn
　　网址　https://www.ptpress.com.cn
　　天津市豪迈印务有限公司印刷
◆ 开本：787×1092　1/16
　　印张：13.25　　　　　　　　　　2023 年 7 月第 2 版
　　字数：275 千字　　　　　　　2025 年 3 月天津第 8 次印刷

定价：79.80 元

读者服务热线：(010)81055256　印装质量热线：(010)81055316
反盗版热线：(010)81055315

居住空间与人们的幸福指数及健康密切相关，好的居住空间设计可以为人们提供舒适的生活空间，而居住空间设计水平则是一种文化与经济的体现。打造有益于身心健康的居住空间环境是人民生活质量全面提升的重要组成部分。近年来我国住房条件的改善及发展变迁，是人民生活水平提升的最好见证。

本书贯彻落实党的二十大精神，把国家教育政策与教材内容有机地结合，以项目流程与企业案例为体、素养理念为魂，把"知识传授、能力培养及价值引领"有机融合到教材中，用优秀传统文化案例培养学生的民族精神、诚实守信的职业操守及"工匠精神"。提升学生的文化自信、爱国意识和环保意识。

本书以"学生为中心、成果为导向、促进自主学习"的思路进行开发设计，培养学生正确的艺术观、设计观及创新创意能力；弱化"教学材料"的特征，强化"学习资料"的功能，以"企业岗位（群）要求、职业标准、项目案例、工作流程"作为教材主体内容，通过企业项目过程引领，构建深度学习管理体系；树立以学生为中心的教学理念，落实以实训为导向的教学改革。

本书以居住空间设计工作过程为导向，采用项目教学的方式组织内容，设计项目来源于典型居住空间设计实例。主要内容分为两部分。第一部分为认知准备篇，介绍居住空间设计的理论知识和家装设计师岗位与工作流程分析，包括认识居住空间设计、家装设计师岗位与工作流程分析、居住空间设计流派与风格分析、居住空间设计要素分析、居住空间各区域设计要点5个学习项目；第二部分为项目实训篇，介绍完整的居住空间项目设计施工过程，包括居住空间设计准备、初步方案设计、施工方案设计、设计方案实施4个学习项目。本书内容针对性强，突出了理论和实践相结合，强调了实践性。编排图文并茂，生动活泼，形式新颖。本书通过电子活页的形式增加了拓展知识，通过拓展知识的自主学习，学生可以了解行业的新工艺、新材料与新的发展趋势，为学生了解行业前沿资讯与进一步自我学习提供知识的延伸。

本书由蔡丽芬编著，蔡丽芬编写了项目1~项目4、项目6、项目7和项目9，并负责全书的统稿和校对以及素材资料、设计案例、数字资源的收集和整理、录像脚本的编写等工作。徐敏参与编写了项目5并负责资料收集、部分数字化资源整理的工作，蔡旭东参与编写了项目8并提供企业案例和设计素材，全书由蔡丽芬统稿。

本书部分设计素材、案例由江苏锦华建筑装饰工程股份有限公司（堂杰国际）设计总监顾锋、江苏经贸职业技术学院周晓副教授等人提供，在此一并感谢。

由于作者水平有限，书中难免存在不妥之处，恳请同行及广大读者批评指正。

微课视频

导学

编者

2023年4月

目录

C O N T E N T S

第一部分
认知准备篇

本篇知识要点

- ◉ 居住空间设计的概念、现状和发展趋势
- ◉ 家装设计师岗位分析与工作流程
- ◉ 居住空间设计的流派与风格
- ◉ 居住空间设计要素
- ◉ 居住空间各区域的设计要点

项目1
认识居住空间设计

知识目标

1. 掌握居住空间设计的相关概念
2. 掌握居住空间设计的内容及原则
3. 了解居住空间设计的现状与发展趋势

能力目标

1. 熟悉课前准备方法，掌握信息归类处理、分析的方法
2. 掌握调研方法，会撰写调研报告

素质目标

1. 培养创新设计意识，提高审美和人文素养
2. 培养职业素养、职业道德
3. 弘扬中华美育精神，在设计中传承和弘扬中华优秀传统文化
4. 传达积极向上的生活态度，树立正确的绿色发展理念，在设计中提倡人与自然和谐的生态发展观
5. 培养团队合作、协同工作能力

思维导图

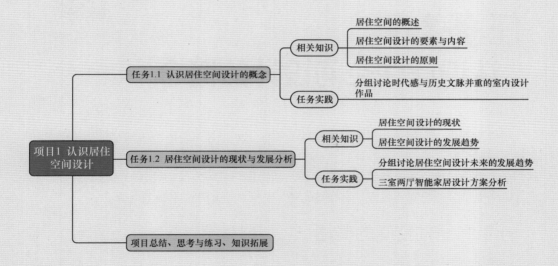

居住空间与人们的幸福感及健康密切相关。我国住房条件的改善、居住空间设计的变化，反映了我国70多年来的快速发展，也是我国国民生活质量全面提升的重要见证。居住空间设计不仅要美观，还要满足各种功能需求，也是展现民族文化的载体。如何创造出符合现代人需求、具有本民族文化特色、有益于身心健康的居住空间是每个设计师需要思考的问题。

课前准备

1. 通过网络收集时代感与历史文脉并重的居住空间设计作品。
2. 通过网络收集智能家居设计方面的设计案例与资料。

微课视频

居住空间设计的概述

任务1.1
认识居住空间设计的概念

居住空间是人们生活起居的私密空间。居住空间设计是与人们生活密切相关的生活起居环境的设计，是在户型、面积、结构等建筑基础上的再创造，是对建筑内部进行空间划分、界面装修、家具陈设以及施工工艺和物理环境等方面的设计。居住空间设计的目标是为人们创造出实用性强，有审美价值、文化内涵的居住和休息场所。

1.1.1 居住空间的概述

《礼记·曲礼下》："君子将营宫室，宗庙为先，厩库为次，居室为后。"这说明我国古人对居住空间的要求秉承的是以宗法为重心、以农耕为根本的居住法则，兼顾精神与物质要素。而西方建筑师认为居住空间要满足实用、坚固、愉快三大要素，在2000多年前就对居住空间提出了"机能、结构和精神"的实际价值要求。

▲ 常见的居住空间　王宁（学生习作）

▲ 胡明春（学生习作）

现代建筑设计师赖特则倡导"机能决定形式"的建筑空间哲学。他的设计思想在他的设计作品"流水别墅"中得到了充分的诠释。赖特认为内部空间才是居住空间设计的实质内容，建筑的外观形式则由内部空间决定，建筑的实用功能与设计形式需要和谐统一。

▲ 流水别墅外景

而勒·科布西耶则认为，居住空间设计需要像机器设计一样精密准确。居住空间不仅要满足实际生活需求，还要满足人的其他各种需求。居住空间需要为人类提供机能、情绪、心理、经济和社会等方面的服务。

▲ 勒·科布西耶作品：萨沃伊别墅建筑外观

▲ 勒·科布西耶作品：萨沃伊别墅内景

心理学家马斯洛把人的需求归纳为5个层次：生理需求、安全需求、社交需求、尊重需求、自我实现需求。居住空间设计也应满足这5种需求。居住空间最基础的功能是给人提供遮风挡雨、日常生活、工作学习、休息娱乐的场所，由满足简单的生理需求向满足丰富的心理需求提升。现代人追求高雅的生活情调，追求舒适、悦目、有趣味且有归属感的居住空间，而不仅仅是满足生理需求。居住空间设计也由原来注重单一的实用功能转向兼顾审美功能，进而向个性化、智能化、多样化、环保化的方向发展。

1.1.2 居住空间设计的要素与内容

微课视频

居住空间设计要素

居住空间设计是一种艺术创作，设计师要在有限的空间内创造出功能合理、美观大方、格调高雅、用材讲究、经济耐用、富有个性的居住环境。

1. 居住空间设计的要素

居住空间设计主要包括功能、空间、界面、陈设、经济、文化六大要素。

（1）功能要素。

满足人的功能需求是居住空间设计的基础。只有满足生活、学习、娱乐、盥洗、休息等日常生活所需，居住空间才能更加舒适与方便。因此，功能要素是每个设计师需要重点考虑的细节。为达到功能合理的设计目的，设计师需要就每个设计环节与业主进行深入沟通。

（2）空间要素。

合理并具有艺术性地运用空间是居住空间设计的基本任务。居住空间设计是运用空间界定的手法进行空间要素的塑造。空间要素包括空间的组织、空间的具体形态和空间色彩等内容。居住空间设计要结合现代设计手法与创新思维，打造出空间的新形象。

（3）界面要素。

界面设计是指建筑内部地面、墙面、顶面的造型、色彩、材料的选择和处理。界面设计要主题明确、风格统一、色彩和谐、造型虚实对比都是界面设计的主要表现手法。

（4）陈设要素。

陈设是居住空间的点睛之笔。居住空间装修完成后，室内家具、地毯、窗帘、工艺品的陈设可以给居住空间增添温馨的氛围与浓厚的文化气息，使居住空间达到彰显个性、陶冶情操的良好效果。

（5）经济要素。

居住空间的装修材料种类繁多，质量参差不齐，价格也相差较大。在满足安全要求与使用功能需求的条件

▲ 体现中国传统文化的陈设设计

下，设计师可依据业主的经济承受能力来选择装修材料，合理地分配业主的装修费用，使居住空间的装修既经济实用，又有较高的审美品位。能否使居住空间物超所值，体现了设计师对装修费用的把控水平。

（6）文化要素。

居住空间具有个性化特点，需要充分展示业主的文化修养。在国际化的背景下，居住空间设计应表现中华文明的独特风格和审美情趣，展示我国各地区、各民族的灿烂文

化遗产，让世界人民更好地了解中国。

2. 居住空间设计的内容

居住空间设计的内容主要包括空间形象设计、界面装修设计、物理环境设计和软装设计。

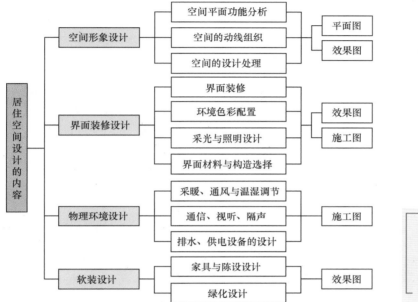

▲ 居住空间设计的主要内容

1.1.3　居住空间设计的原则

居住空间设计一般应遵循以下5个原则。

1. 个性化与以人为本

居住空间设计要以满足人和人际活动的需要为核心，要充分考虑个性化设计、无障碍设计、回归自然等以人为本的设计要求。设计师要与业主充分沟通，依据业主的生活习惯及活动规律来进行居住空间设计。设计师应把握合适的空间尺寸及空间比例，处理好各个空间之间的关系，妥善安排室内通风、采光与照明，合理配置室内陈设，注意室内风格及色调的整体效果等，从而满足业主在室内进行生活、休息等活动的各项需求。

2. 空间环境统一与变化

空间环境的整体性是指用一个共同的元素将同一空间的相关元素有机地统一起来。比如，家具的款式、色彩、造型等都统一为一种风格，使空间环境显现出一种完整而和谐的视觉效果。在设计构思阶段，设计师要根据业主的职业特点、文化层次、个人爱好、经济条件等进行综合的设计定位，实现空间布局、界面装饰、环境气氛与使用功能的统一，保证空间色彩统一及家具与装修风格协调等。

3. 科学性与艺术性结合

艺术性是指重视建筑美学原理，使居住空间设计具有创造性的表现力和感染力，满足视觉感官需求，体现一定的文化内涵。居住空间设计既要充分重视科学性，又要体现艺术性，这样居住空间才能更好地满足人们在精神功能方面的需求。家居智能化等科技手段的应用使居住空间更舒适、更便捷。

▲ 科学性与艺术性结合的智能化卧室设计　周安琪（学生习作）

4. 动态发展与环保意识

倡导"低碳设计""环保设计"是每个设计师的社会责任。设计师既要考虑审美发展更新变化的一面，又要兼顾资源节约、再生材料的应用、生态环境的保护等方面的可持续性设计。

知识拓展

可持续发展理念与可持续设计

案例分析

茶园民居——绿色、动态发展与环保意识

这个茶园小院位于市郊，设计师将传统文化与现代风格融于一体，满足业主打造一个远离喧嚣的宁静居所的愿望。该设计采用钢结构、铁丝网、琉璃灯、铁锈板与原泥巴墙、原木结构进行新旧融合的改造，对木结构的屋顶及瓦片进行修复和翻新。大面积落地窗不仅增加室内的透光性，还让光影随着时间在室内空间流动，

案例分析

使人与自然、人与空间亲密互动。环保材料与天然材质的应用使空间既朴拙又雅致，充满时尚气息与活力，使居住者感受到最温暖、最幸福的儿时记忆。

▲ 低碳环保的居住空间设计

5. 时代发展与文化传承

从人类社会的发展历程可以看出，物质技术与精神文化都具有历史的延续性。追踪时代发展和尊重历史文脉，从社会发展的本质来讲是有机统一的。居住空间设计需要采取具有民族特点、地方风格的设计思路，充分考虑地域文化的延续和发展。这里所说的历史文脉，并不是简单的形式、符号的照搬照抄，还涉及了平面布局和空间组织特征，甚至包含设计中的哲学思想和观点。

▲ 传统的庭院景观及其在室内空间设计中的应用

▲ 室内空间与室外景观的互相交融，体现"天人合一"的传统设计思想

任务实践　　根据收集的资料，分小组讨论，分析2~3个时代感与历史文脉并重的室内设计作品，选择一名代表汇报讨论结果。

任务1.2
居住空间设计的现状与发展分析

随着我国经济的快速发展和人们生活水平的不断提高，人们的消费观念和消费方式都发生了显著的变化，居住空间设计在不断演变，我国的家装行业也在不断地趋于完善。

1.2.1 居住空间设计的现状

居住空间设计虽然开始注重人性化设计，体现轻装修、重装饰的理念，强调设计工作的专业化，注重形式美的表现等，但依然存在一些问题。

1. 行业不规范，对设计的重视程度不够

由于家装设计行业的竞争比较激烈，许多装修公司为了吸引客户，推出了免费设计的优惠政策。在价格核算时，设计成为一种附赠，不收取费用。这种营销方式，从表面上看是客户得到了优惠，而实际上省下的设计费用还是被分配到了其他工程项目中。此外，这种营销方式存在的另一弊端就是设计师的地位和价值被忽视，这不利于优秀设计师的生存与发展，也不利于专业设计优势的体现。

2. 设计单调，缺乏文化内涵

目前居住空间设计缺少具有文化内涵的精品之作，许多设计师常常忽视设计的内涵和文化品位，简单地把居住空间设计理解成装饰材料的运用，以及立面造型、比例、色彩的组合，导致其设计思想简单、设计风格雷同，作品缺乏个性和文化内涵。优秀的设计作品应该更多地满足业主的个性化需求，体现业主的文化修养。

3. 环保意识薄弱，浪费资源能源

当前的居住空间设计，为了追求"华美""现代""新潮""气派"，以材料档次来评价装修水准，一味地使用昂贵、不可再生的材料，大量消耗不锈钢、花岗岩和大理石等珍贵材料，对天然资源的浪费较大；同时还忽视环保节能问题，比如为了凸显装饰效

果，在设计中大量采用大能耗的人工照明、大型空调等，既割裂了人与自然的直接联系，又不利于能源节约。

1.2.2　居住空间设计的发展趋势

时代的发展带来了新的审美趣味，同时催生了许多新颖的装饰材料及装修风格。居住空间设计的发展趋势为绿色低碳，风格多元化，轻装修、重装饰，"互联网+家装定制"，智能化设计等。

1. 绿色低碳

居住空间设计注重低碳环保理念的发展趋势，符合国家提出的"倡导绿色消费，推动形成绿色低碳的生产方式和生活方式"的要求。绿色低碳的设计是未来居住空间设计行业发展的主要方向，即用低能耗来满足生活需求，使用高效率的节能灯具，最大限度

微课视频

居住空间设计的
发展趋势

知识拓展

绿色低碳理念

地保护环境，提高资源的利用率。设计时应尽可能选择可再生材料与环保装饰材料，打造高品位、人性化、舒适、美观的生活和工作环境。

案例分析

"自然极简风格"——装修设计的绿色、低碳、环保趋势

"自然极简风格"是当代流行的一种室内设计风格，主张在平静的空间里窥见极简生活美学，是一种简单质朴而精致的居住空间设计，释放现代人由快节奏、高压力的生活带来的紧迫感。"自然极简风格"看似朴素，实则是"返璞归真"的人生态度。本方案设计的色彩、家具、装饰极简而精致，以柔和的大地色为基调，纯粹的奶油白搭配质朴的浅色木材，呈现出极致的亲和力。没有繁杂的线条装饰，天然材质装饰品、棉麻家纺、原始木纹墙面、原生态材料使空间呈现出一种粗糙的质感，其独特的肌理变化和极致简约的效果，轻易破除了空间的枯燥无趣。

▲ 自然风格居住空间设计　吕纯超（学生习作）

2. 风格多元化

多元化的设计风格已经成为居住空间设计的发展趋势。当代居住空间设计越来越注重居住空间的格调能否充分体现业主的修养和品位，是否富有时代气息、强调个性化。业主在家居设计上拥有自己独特的观念与主张，会植入更多与自己的爱好相关且能满足自身需要的元素。

3. 轻装修、重装饰

"轻装修、重装饰"是现代居住空间设计发展的必然趋势。在信息社会，装修风格变化快，"轻装修、重装饰"的居住空间设计能很好地跟随时代的潮流改变家装风格，减少日后因样式过时而重新翻修所造成的损失，也是在践行绿色低碳的生活方式。

▲ 可更换的软装是卧室空间的装饰主体，而硬装只是背景　罗青青（学生习作）

4. "互联网+家装定制"

我国明确提出要加快网络强国建设，"互联网+家装定制"将是未来一段时间内居住空间设计发展的必然趋势。"互联网+家装定制"将家装定制与互联网相结合，满足高端消费群体对家装产品精细化的要求，使家装行业的产品价格更透明、服务更贴心。在未来10年内，家居电商行业存在着巨大的增长空间和较多的商业机会。量身打造个性化家装的个性化服务细节会更加完善，会赢得更多客户的青睐。

案例分析

中国定制家居品牌

定制家居的理念是将每一位消费者都视为一个单独的细分市场，消费者根据自己的要求来设计想要的家居环境，企业根据设计要求来制造个人专属的家居用品。近年来，中国的定制家居品牌越来越多，市场也日趋成熟。

知识拓展

中国定制家居品牌

5. 智能化设计

　　随着我国制造业向高端化、智能化及绿色化发展，生活网络化、工作家庭化、家庭社会化、家居生活智能化将是今后居住空间设计的发展方向。全屋智能将成为主流，家居生活智能化主要体现在家电控制、安防控制、远程控制、环境监测、网络通信等多个子系统。家居生活智能化的特点就是将现在的手动控制和机械控制变为全自动控制，使生活既轻松又舒适。

知识拓展

智能化家居

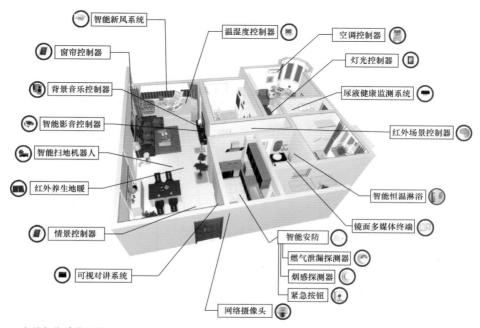

　　智能新风系统
　　温湿度控制器
　　空调控制器
　　窗帘控制器
　　灯光控制器
　　背景音乐控制器
　　尿液健康监测系统
　　智能影音控制器
　　红外场景控制器
　　智能扫地机器人
　　红外养生地暖
　　智能恒温淋浴
　　情景控制器
　　镜面多媒体终端
　　可视对讲系统
　　智能安防
　　　　燃气泄漏探测器
　　　　烟感探测器
　　　　紧急按钮
　　网络摄像头

▲ 全屋智能系统设计

任务实践

　　1. 通过网络调研，收集、整理关于居住空间设计发展的资料，总结出居住空间设计的未来发展趋势，并阐述理由，最后撰写《居住空间设计发展趋势调研报告》。

知识拓展

居住空间设计发展
趋势调研任务书

知识拓展

居住空间设计发展
趋势调研报告模板

　　2. 三室两厅智能家居设计方案分析（学生、教师互动）。

　　项目介绍：户型面积128m²，三室两厅一卫。

任务实践

　　主要功能布局：玄关、客厅、餐厅、主卧、次卧1、次卧2、厨房、卫生间、阳台。

　　业主情况：一家三口，夫妇50多岁，有一个22岁上大学的儿子。

　　智能家居设计的主要功能：智能情景系统、智能窗帘系统、背景音乐系统、智能照明系统、智能中控系统、人工智能语音系统、家电智能化控制、智能安防系统、物联网门锁系统、环境监测系统。

知识拓展

本方案分析示例

知识拓展

扩展：其他设计
方案示例

项目总结

　　本项目主要学习居住空间设计概述和发展趋势。掌握居住空间设计的基本概念、设计要素、设计内容及设计原则，了解居住空间设计的现状与发展趋势。通过学习，读者将认识到居住空间设计中采用低碳环保、可持续发展设计理念的必要性。通过对中国优秀设计案例的深度剖析，读者将学习到传统文化再设计的设计手法和物化思路，从而在设计创意时自主传承与创新传统文化，向世界传播中国文化的创新成果。

思考与练习

一、判断题

1. 居住空间是一种以家庭或个人为对象的生活起居空间。（　　　）

2. 物理环境设计是居住空间设计的内容之一。（　　　）

3. 居住空间设计是一种艺术创作。（　　　）

4. 界面设计是指建筑内部墙面、立面、地面的造型、色彩、材料的选择和处理。（　　　）

5. "轻装修、重装饰"不是未来居住空间设计的发展方向。(　　　)

6. "互联网+家装定制"是未来居住空间设计的发展方向。(　　　)

二、多选题

1. 西方建筑师认为居住空间要满足哪几个要素? (　　　)

    A.实用　　　　　B.坚固　　　　　C.愉快　　　　　D.精神

2. 居住空间设计的空间要素主要有哪几个? (　　　)

    A.空间形态　　　B.空间组织　　　C.空间效果

    D.空间构图　　　E.空间色彩

3. 居住空间设计的原则主要有哪些? (　　　)

    A.个性化与以人为本

    B.科学性与艺术性结合

    C.动态发展和可持续性共存

    D.经济实用

    E.时代发展与文化传承

    F.空间环境统一与变化

4. 以下哪些是未来居住空间设计的发展趋势? (　　　)

    A.设计规范化　　B.智能化设计　　C.绿色低碳　　　D.风格多元化

    E.装修材料高档化　　　　　　　F.轻装修、重装饰

    G. "互联网+家装定制"

知识拓展

知识拓展
我国居住空间的
历史演变

微课视频
居住空间的历史演变

知识拓展
中国著名家居品牌

知识拓展
智能化家居发展趋势

项目2
家装设计师岗位与工作流程分析

知识目标

1. 了解家装设计师的职业素养和职业规范，以及需要具备的职业能力
2. 了解家装设计师岗位的知识技能要求、岗位职责，明确学习方向
3. 掌握家装设计与施工的流程，了解家装设计师的工作任务

能力目标

1. 培养家装设计师必备的知识结构和专业技能
2. 培养灵活运用设计理论知识进行设计的能力
3. 培养以客户需求为中心的设计分析能力
4. 具备家装设计师实际业务处理能力和谈判能力

素质目标

1. 提高沟通、团队合作、协同工作能力
2. 培养职业素养，树立岗位责任意识和正确对待工作任务的责任心
3. 培养对待挫折的正确态度和坚韧不拔的毅力
4. 培养工匠精神、敬业勤业精神
5. 树立正确的道德观念与法制意识

思维导图

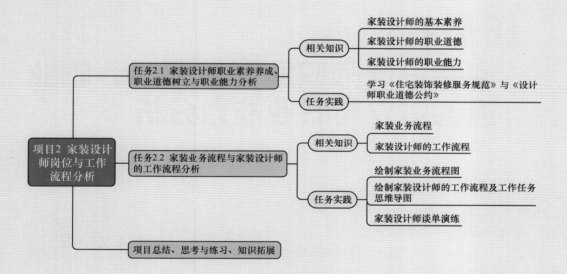

家装设计岗位对设计师的职业能力要求不仅仅是能设计、会画图，还需要会谈单、懂管理。家装设计师要有文学美学理论基础、扎实的艺术基本功和设计基础知识，还要掌握家装设计、施工管理的专业知识与能力，同时具备设计师职业道德，有良好的职业操守、责任感和职业良知，要具有工匠精神。

课前准备

1. 通过网络收集"中国著名室内设计大师"的优秀作品。
2. 了解家装设计师谈单技巧。

任务2.1
家装设计师职业素养养成、职业道德树立与职业能力分析

居住空间设计也称为"家装设计"，居住空间设计师也称为"家装设计师"。

如何成为一名合格的家装设计师呢？在常人看来，设计师不过是会画图而已。不可否认，画图是设计师最基本的技能，但是，真正的家装设计师不仅要会画图，还必须具备相应的基本素养、职业道德与职业能力。

微课视频

家装设计师职业
能力分析

2.1.1 家装设计师的基本素养

家装设计师不仅要有扎实的文学、艺术功底，还要掌握专业理论知识，无论缺少哪一点都会导致看待问题不全面。家装设计师不仅要有较宽的知识面，具备历史、文学、经济、社会等方面的知识，还要对艺术美学、材料学、时尚学、心理学、营销学等各方面的知识有所了解，并乐于持续提升自身修养。家装设计师只有具有深厚的文化内涵、文学功底和较丰富的知识，才能为作品赋予灵魂和设计内涵。

2.1.2 家装设计师的职业道德

具有良好的职业道德标准是优秀设计师最基本的素质。设计师除了遵守公共道德

外，还应该遵守设计师职业道德公约，恪守设计师职业道德；不仅要具备良好的职业操守、责任感和职业良知，还要具备爱岗敬业、精益求精的"工匠精神"。

首先，设计是一个服务行业，因而设计师应该具有基本的服务意识，尊重客户，从客户的角度考虑问题，给客户提供没有任何瑕疵（包括没有知识产权瑕疵）的作品，提供一流的设计服务。

其次，设计师应诚实守信，严格遵守行业规范标准，通过设计作品传达一种积极向上的人生观、价值观，良好的生活方式和健康的审美情趣。

最后，设计师要提高职业素质，积极弘扬民族精神和爱国精神，在公众中树立良好的职业形象，引领良好的社会道德风尚；在进行材料与施工设计时要倡导节约资源、保护环境和可持续发展。

2.1.3　家装设计师的职业能力

除了绘制设计图纸，家装设计师还要有扎实的专业技能，掌握装饰材料的价格特性、施工工艺等，了解家装的业务流程、设计流程、施工流程、施工组织与管理知识，了解家装合同、家装营销、家装预决算等。家装设计师还要具备一定的沟通能力及工程管理能力，了解当前流行的各种家装设计风格的特点，正确判断家装设计行业的发展方向和流行趋势。

家装设计师岗位描述		
岗位分析：为居住空间进行设计和装饰，能设计出实用、美观并符合施工要求的居住空间，改善客户的生活质量；对空间、界面、风格、材料、设备、品牌及工艺等进行专门研究 专业背景和学历要求：家装设计师需要具有室内设计、环艺设计或建筑设计等相关专业的大专及以上学历		
家装设计师的工作任务		
序号	家装设计师的工作任务	
1	与客户商讨和家装设计相关的内容，如资金预算、设计风格偏好、设计目标和具体使用功能等，阐述自己的设计创意思路，与客户达成核心设计思想上的统一	
2	完成草图构思、效果图设计及施工图绘制等，提供完整的家装设计方案，包括物理环境规划、室内空间分隔、装饰形象设计、家居陈设及其他配套设施配置等	
3	预估装修材料标准和成本，完成装修成本核算，与客户讨论预算方案	
4	向客户提供室内设计方面的专业建议，如空间利用、功能布局、材料选择、室内陈设、色彩搭配及设备选购等	
5	解决装修施工过程中出现的各种技术问题	
6	了解家装设计行业的发展方向和新工艺、新材料、新技术，随时掌握家装设计的流行趋势，通过创意设计，体现家装设计的时尚感	
7	协助客户挑选家具、装饰品及相关物件	
家装设计师的职业技能及具体要求		
序号	职业技能	具体要求
1	懂绘画	具有良好的美术表达能力，掌握素描、速写、手绘效果图、3D模型制作等技法，有较高的审美水平，熟练掌握绘画表现技巧
2	懂建筑	掌握建筑设计基础知识及空间设计知识，具有功能分析、平面布局、空间组织、空间设计等能力，有空间设计思维、理解能力，有空间想象能力及空间创新能力

续表

家装设计师的职业技能及具体要求		
序号	职业技能	具体要求
3	懂计算机	熟练掌握计算机的基础操作，熟悉AutoCAD、Photoshop、3ds Max、SketchUp及PowerPoint等软件的操作，熟悉酷家乐等平台的使用，具有较好的计算机设计表达能力
4	懂设计	熟悉设计美学、设计构成等基础知识，具有较好的艺术素养，掌握中外建筑史、设计风格、人体工程学、色彩心理学、时尚趋势、空间规划等知识
5	懂材料	掌握建筑材料、装饰材料、环保材料的知识和发展趋势
6	懂预算	熟悉家装预算软件的使用方法，掌握家装预算的计量方法，在总预算范围内合理分配装修预算，懂得控制预算成本
7	懂施工	了解木工、泥水工、水电工、油漆工等方面的施工知识，熟悉有关建筑和室内装修设计施工的规范，熟悉施工过程中出现的各种施工工艺问题，能对施工过程进行技术指导
8	懂沟通	具备良好的沟通能力，掌握一定的沟通技巧和商务礼仪
9	懂营销	家装营销是家装设计师的主要工作之一。家装设计师需要掌握消费者心理分析方法及营销知识，从而把握消费者心态、挖掘营销渠道、熟练运用营销技巧

任务实践

学习《住宅装饰装修服务规范》与《设计师职业道德公约》。

知识拓展

住宅装饰装修服务规范

知识拓展

设计师职业道德公约

任务2.2
家装业务流程与家装设计师的工作流程分析

了解家装设计师需要具备的基本素养、职业道德和职业能力之后，我们再来学习家装业务流程，以及家装设计师的工作流程。

2.2.1 家装业务流程

家装业务流程从家装咨询、现场量房直至家装保修，主要包括以下几个环节。

微课视频

家装设计师的工作流程

知识拓展

装修公司业务流程表

家装业务流程表		
序号	步骤	内容
1	家装咨询	客户向家装设计师咨询设计风格、费用、周期等，家装设计师要详细了解客户的装修要求，并做好记录
2	现场量房	家装设计师到客户拟装修的现场进行勘测和综合考察，以便更加科学、合理地进行家装设计
3	方案设计	设计师对客户设计需求进行分析，做出合理的设计定位，再根据客户选定的设计风格进行家装设计，并根据客户的反馈意见做修改，最终确定设计方案和施工图纸
4	预算评估	家装设计师根据确定的设计方案做出相应的工程造价预算
5	签订合同	双方在确认设计方案及预算的前提下，签订由当地工商行政管理局监制并统一印刷的家庭居室装饰装修工程施工合同，明确双方的权利与义务
6	现场交底	该环节由客户、家装设计师、工程监理、施工负责人四方参与，家装设计师向施工负责人、工程监理详细讲解预算、图纸、特殊工艺，并协助办理相关手续
7	材料验收	家装材料进场，经客户验收后，方可进行施工
8	中期验收	该环节由客户、家装设计师、工程监理、施工负责人四方参与，验收合格后在质量报告书上签字确认。四方应根据中华人民共和国住房和城乡建设部发布的《住宅室内装饰装修工程质量验收规范》检验装修是否合格
9	竣工验收	该环节由客户、家装设计师、工程监理、施工负责人四方参与，对工程材料、设计、工艺质量进行整体验收，验收合格后签字确认。至此，家装工程全部完工，对施工现场进行清洁、整理
10	家装保修	按合同约定，家装公司提供一定期限的家装工程维修服务，保修期一般为1~2年

2.2.2 家装设计师的工作流程

一般情况下，家装施工周期为2~3个月，家装设计师在整个家装施工周期的各个阶段都需要完成相应的工作任务。

家装设计师的工作流程通常分为4个阶段：设计准备阶段、方案设计阶段、施工图设计阶段、设计实施阶段。

家装设计师的工作流程

序号	阶段	工作任务	详细介绍
1	设计准备阶段	介　　绍	向客户介绍公司的市场地位、设计特点、施工流程、分项报价和付款方式
		沟　　通	了解客户的装修目标及基本情况，与客户就每一个空间进行充分的沟通，可以提一些能够赢得客户认同和信任的意见
		客户资料登记	填写《客户装修设计需求调查表》，及时对客户的姓名、房屋的基本情况、装修要求、预算、客户来源进行登记，预约现场量房时间
		现场量房	到拟装修现场进行测量，检查实际尺寸与建筑图纸是否相符，调研现场环境（采光、景观、通风等物理条件）状况，通过文字、草图、照片、视频等形式对现场状况进行记录
		客户设计要求分析	根据前期与客户沟通的情况，对客户的装修需求、设计要求进行分析，为后续设计工作的开展做准备
2	方案设计阶段	初步方案设计	现场量房后开始设计方案草图，绘制平面图、家具布置图、天棚图、地面材料图、开关水电图、立面图、彩色手绘效果图或计算机效果图等。准备主要材料的图片及样板（家具、灯具、设备等可用照片，其他如织物、石材、木材、墙纸、地毯、面砖等材料均宜采用小面积的实物）。初步方案设计完成后就主要功能布局及装修效果与客户进行充分沟通
		预　　算	客户确定初步方案后，完成工程造价预算，严格按照公司报价单进行报价，并与客户商议报价
3	施工图设计阶段	施工图设计	完成全套施工图设计，编制施工说明、设计说明、装饰材料说明及装修做法表等
		签订合同	全套施工图设计方案和预算报价完成后，与客户充分沟通，并在得到客户的认可后，与客户签订家庭居室装饰装修工程施工合同。安排客户交纳首期款，签约后家装设计师应在3日内将合同交至公司相关部门审核，以便及时安排开工事宜
4	设计实施阶段	开工技术交底	开工时，客户、家装设计师、工程监理和施工负责人都要到施工现场，家装设计师进行设计方案技术交底
		施工图变更或深化设计	施工期间发生施工图与现场不合，或客户对设计有变更要求时，设计师需要进行施工图变更或深化设计，变更图纸需要家装设计师和客户双方签字确认
		施工跟进	家装设计师在施工过程中要进行设计跟进，每个工地一般跟进5次以上；在工程开工至竣工期间，应与客户保持密切的联系，发现问题时要及时协调解决
		验　　收	中期验收：工程进行至木工工程完成后，应由客户、家装设计师、工程监理和施工负责人共同到现场进行中期验收，客户应在中期验收后3日内交纳中期款； 竣工验收：工程完工当日，应由施工负责人召集家装设计师、工程监理、客户共同到现场进行竣工验收，客户应在竣工验收后3日内交纳尾款
		客户维护	工程竣工后，装修公司应开具保修单，由家装设计师完成竣工图、造价决算书、工程变更单、设计图册等资料的归档整理。保修期内，家装设计师应每两个季度对客户进行一次电话回访。如发现问题，应及时协商解决，做好客户维护工作

设计定位　根据客户所期望的装修效果对拟装修空间进行定位，包括地域环境定位、风格定位、功能定位、色调与材料定位、装修额度定位等。

任务实践　1. 思考并讨论家装业务流程，指出设计师在整个家装业务环节中的主要工作，绘制家装业务流程图（课堂小组讨论）。

2. 思考并分组讨论家装设计师的工作流程及各阶段的主要工作任务。绘制家装设计师的工作流程及工作任务思维导图，明确装修企业中家装设计师的主要工作（课堂小组讨论）。

3. 观看家装设计师谈单技巧教学视频，学习家装设计师谈单技巧，同学之间通过角色扮演，进行家装设计师谈单演练。

微课视频

客户类型及消费心理分析

微课视频

家装设计师谈单技巧

知识拓展

家装设计师谈单技巧

项目总结

本项目主要学习家装设计师所要掌握的专业知识及技能，了解家装业务流程及家装设计师在整个家装过程中各个阶段的主要工作，了解家装设计师的职业道德与行业规范，培养职业素养，树立职业目标。

思考与练习

一、填空题

1. 除了会设计方案及绘制设计图纸，家装设计师还需要掌握＿＿＿＿＿＿的特性、施工工艺，了解家装的＿＿＿＿＿、＿＿＿＿＿、＿＿＿＿＿、施工组织与管理知识。

2. 工程竣工后，设计师要完成＿＿＿＿＿、＿＿＿＿＿、＿＿＿＿＿及设计图册等资料的归档整理。

二、判断题

1. 道德素质与修养是家装设计师的专业素养。（　　　）

2. 家装设计师不仅要有丰富的专业知识、娴熟的操作技术与高效的管理能力，还要有高尚的职业精神、优秀的素质修养。（　　　）

3. 到施工现场进行勘测、检查实际尺寸与建筑图纸是否相符、检查工程质量及验收材料是家装设计师的工作职责。（　　　）

4. 向客户介绍公司的市场地位、设计特点、施工流程和付款方式是家装设计师在客户咨询时要做的工作。（　　　）

5. 家装设计师不用参加中期验收。（　　　）

6. 工程竣工后，由家装设计师完成竣工图、造价决算书、设计图册等资料的归档整理。（　　　）

三、多选题

1. 以下哪些是家装设计师的专业素养？（　　　）

　　A.道德素质与修养　　　　B.谈单技巧　　　　　　　C.敏锐的洞察力

　　D.丰富的创造力　　　　　E.专业知识和素养

2. 以下哪些是家装设计师的工作？（　　　）

　　A.设计准备　　　　　　　B.方案设计　　　　　　　C.设计咨询

　　D.施工　　　　　　　　　E.客户维护

知识拓展

建筑装饰行业设计费收费标准

中国著名室内设计大师

中国著名设计师优秀案例

工匠精神与大国工匠案例

家装流程示意图

家装设计师的专业素养

项目3
居住空间设计流派与风格分析

知识目标

1. 了解当代居住空间设计的主要流派与风格
2. 掌握当代居住空间设计的风格特征，通过案例分析加深对风格特征的把握，为后续的项目实训打好基础

能力目标

1. 提高创意表现、艺术表达及创新能力
2. 提高资料信息汇总、信息分析处理及制定决策的能力
3. 掌握调研方法及调研报告的撰写方法

素质目标

1. 培养视觉鉴赏修养、文化自信和爱国主义情怀
2. 培养传承和弘扬中华民族优秀传统文化的自觉

思维导图

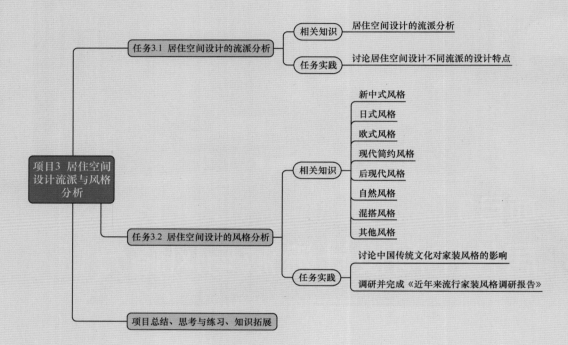

流派和风格属于艺术造型和精神功能的范畴。流派指学术、文艺方面的派别，这里是指设计的艺术派别。风格即风度品格，体现作品的艺术特色和个性。流派接近于社会思潮，而风格依赖于样式。与流派相比，风格所包含的范围更广，跨越的时间更长。在学习与应用居住空间的设计风格、流派时，设计师要立足时代、树立正确的艺术观和设计观；梳理各类设计风格的历史与现实、本土化与国际化的关系，自觉传承和弘扬中华民族优秀传统文化。

课前准备

　　1. 收集居住空间设计案例，了解居住空间设计的风格类别，思考如何根据不同客户的审美喜好、文化认可、时尚追求及经济投入，选择合适的装修风格。
　　2. 通过网络对近几年流行的家装风格展开调研，收集5~6种家装风格的详细资料。

任务3.1
居住空间设计的流派分析

　　居住空间设计的风格指居住空间设计在不同的文化背景、民族情感、气候环境、生活喜好及经济发展水平的影响下形成的特点。每个时期的居住空间设计风格都带有鲜明的时代特征，在样式、结构、功能和装饰上有所区别，从而形成不同的流派。这些流派和风格也适用于设计的其他领域。

　　居住空间设计的主要流派有白色派、光洁派、高技派、新"洛可可"派、新"古典主义"派、超现实主义派等。

名称	设计特点	设计案例	更多案例
白色派	白色派朴实无华，主张简化室内装饰，注重空间的分隔与联系。界面以白色基调为主，简洁明朗，给人以纯净、雅致的感觉。白色派讲究材料本身的质感与肌理效果。墙面、顶面以白色为主，地面采用颜色淡雅的材料；室内陈设的颜色较为素净		白色派图集

续表

名称	设计特点	设计案例	更多案例
光洁派	光洁派主张功能实用，室内空间简洁宽敞，运用现代的材料、加工技术和简洁抽象的形体语言。界面以玻璃、金属、塑料等硬质光亮、表面平整的材料为主，讲究材料本身的质感和肌理效果。光洁派多使用金属色，家具色彩鲜亮、造型独特，挂画选用色彩鲜艳的现代派绘画作品		光洁派图集
高技派	高技派崇尚"机械美"，顶部梁板、结构构件、风管、线缆等均暴露在外，使用最新材料，强调现代空间的视听功能或自动化设施。高技派的主要颜色为不锈钢、铝塑板、合金等材料的金属色，玻璃及石材等材料。陈设多为色彩丰富的抽象艺术作品		高技派图集
新"洛可可"派	新"洛可可"派细腻柔媚，具有浓重的脂粉气；大量使用弧线、"S"形线条及不对称形状，变化万千；用贝壳、旋涡、山石作为装饰题材，装饰图案以精细轻巧和繁复为特征。新"洛可可"派多采用华丽的金银色及明快的色彩。室内墙面选择嫩绿、粉红、玫瑰红等鲜艳的浅色，装饰线大多用金色		新"洛可可"派图集
新"古典主义"派	新"古典主义"派指经过改良的古典主义风格，典雅、端庄、富丽堂皇。新"古典主义"派追求传统美学法则，具有开放、宽容的非凡气度，从简单到繁杂、从整体到局部。家具、陈设选择古典的装饰纹样，精雕细琢，凸显历史文脉特色。主色调多为金色、黄色、暗红色，加上白色则更显柔和、明亮。新"古典主义"派常使用金银漆、亮粉、金属质感的壁纸		新"古典主义"派图集

续表

名称	设计特点	设计案例	更多案例
超现实主义派	超现实主义派追求超越现实的艺术效果，意在创造现实中不存在的空间环境。其造型设计奇特，空间形式令人难以捉摸，空间界面造型以曲面、流动的线条或抽象的图案为主，搭配造型同样奇特的家具与设备。整体多采用浓重的色彩、变幻莫测的光影，以形成五光十色的效果		超现实主义派图集

任务实践　课前上网收集各种流派的居住空间设计案例，课中分组讨论，对案例进行风格分析，明确各流派的特点，加深对设计流派特点的理解。

任务3.2
居住空间设计的风格分析

居住空间设计的风格是业主审美品位、生活习惯、职业特征的综合表现，体现出业主对潮流的崇尚、对时尚的追求、对文化的认可。一旦确定居住空间设计的风格，材料的选择、颜色的确定、室内陈设的配置等就都需要紧紧围绕这种风格进行通盘考虑。除了混搭风格，一个居住空间内不宜采用多种设计风格，以免造成视觉混乱，给人杂乱无章的感觉。

下面重点介绍几种当代流行的风格。

3.2.1　新中式风格

新中式风格是当前非常流行的一种风格，深受当代人的喜爱。新中式风格在室内布置、线型、色调以及陈设的造型等方面，吸取了我国传统装饰的"形"与"神"，融合了简洁的现代设计手法，从而形成了从容稳重与优雅古典双重气质。其特点是对称、简约、朴素、格调雅致、文化内涵丰富。

设计特点

❶ 具有我国传统文化气息，格调雅致，文化内涵丰富。

❷ 中式家具采用简洁、硬朗的直线条，布局对称，以木材质为主。

❸ 空间布局讲究层次，多用隔窗、屏风来分割。注意室内外空间的关联性，采用"借景"
等设计手法加强室内外的联系。

❹ 从中国字画、瓷器、传统家具、传统木构件造型及古典灯饰中提取设计元素。常运用象
征的装修、装饰手法，以直观的形象表达抽象的感情。

❺ 色彩讲究对比，整体色调深沉、古朴，软装多使用浓烈的色彩。

❻ 把陈设看成审美心理、人文精神的表露，采用具有我国传统文化内涵的绘画、书法、宫
灯、屏风、民间工艺品等陈设。

▲ 新中式风格的客厅设计1

知识拓展

新中式风格的古典
元素

▲ 新中式风格的客厅设计2

知识拓展

新中式风格图集

3.2.2 日式风格

日式风格体现了日本的装饰风格、建筑特色与审美情趣。日式风
格功能性强，布局简洁，材质朴实。日式风格具有简洁的时代感和纯
净自然美感，符合喜欢简洁自然风格客户的审美观。

知识拓展

日式风格图集

设计特点

❶ 运用屏风、帘帷、竹帘等划分室内空间，采用方格的顶棚，地面铺设榻榻米，纸糊的木

　　格推拉式移窗、移门等装饰。

❷ 造型简洁、干净利落、重视细部、透明涂饰、做工精美。

❸ 采用木材、竹、草、树皮、泥土和毛石等天然材料，充分利用其触感、色泽和肌理展现自然美的本质。

❹ 选择有艺术性的绘画、雕刻、灯具作为室内陈设。

3.2.3 欧式风格

　　欧式传统风格是巴洛克风格、洛可可风格、哥特式风格、古罗马风格、古典复兴风格等设计风格的总称。随着时代的发展，欧式风格在欧式传统风格的基础上又形成了许多新的设计风格。下面我们以常用的巴洛克风格、新古典风格、简欧风格为例介绍欧式风格的特点。

名称		设计特点	设计案例	更多案例
欧式风格	巴洛克风格	1.具有富丽堂皇、惬意浪漫的气氛。 2.装饰线条华丽、夸张，雕刻精美、动感，采用轻快、纤细的曲线，强调线与形的流动变化。色彩华丽复杂。 3.大量使用大理石材料。软装使用绘画、雕刻、多彩的织物、精美的地毯、精致的壁挂等工艺品装饰。 4.家具在细节方面精益求精，有舒服的触感	 ▲ 巴洛克风格别墅	 巴洛克风格图集
	新古典风格	1.新古典风格是一种深沉而尊贵、典雅而豪华的设计风格。 2.融合了现代流行的时尚元素，是复古与潮流的完美结合。 3.新古典风格摒弃了过于复杂的肌理和装饰，简化了线条。 4.常用的主色调有白色、金色、黄色、暗红色	 ▲ 新古典风格餐厅	 新古典风格图集
	简欧风格	1.简欧风格吸收了现代风格的优点，凸显简洁美。 2.造型简洁，有浓厚的人情味，体现高雅的居家情调。 3.整体色彩淡雅，自然和谐，色彩相容性较强，家具颜色为白色或浅粉色。 4.室内多用油画和现代雕塑做装饰	 ▲ 简欧风格客厅	 简欧风格图集

3.2.4 现代简约风格

现代简约风格起源于现代派的极简主义。这种风格体现在对细节的精雕细琢上，每一个细小的局部和装饰的设计都经过了深思熟虑。现代简约风格在施工工艺上要求精细，注重材料本身的优美纹理。

知识拓展

现代简约风格图集

设计特点

❶ 提倡"少就是多"的现代主义观点，尽量简化设计的元素、色彩、照明及材料。

❷ 强调功能性设计，界面线条简约流畅，造型简洁。摒弃多余装饰，强调简单实用。

❸ 在施工上要求精工细作，注重材料的质感与性能。

❹ 注重布局与使用功能，空间设计经济、实用、舒适。

❺ 大量运用高纯度色彩，个性张扬。多以银灰色、白色为主色调，以颜色较鲜艳的配饰进行搭配。

❻ 以金属、玻璃为主要材料，家具线条简洁，并搭配时尚的软装饰。

▲ 现代简约风格客厅　周安琪（学生习作）

▲ 现代简约风格的开放式厨房及餐厅　张恬（学生习作）

3.2.5 后现代风格

后现代风格兴起于20世纪60年代，是对现代风格中纯理性主义倾向的反思。后现代风格强调建筑及室内设计既要有历史的延续性，又不能拘泥于传统的逻辑思维方式。

设计特点

❶ 后现代主义主张新旧融合、兼容并蓄的折中主义立场。

❷ 强调形态的隐喻、文化符号和历史的装饰主义。

❸ 探索创新造型手法，讲究人情味，常常把古典构件的抽象形式以新的手法组合在一起。

❹ 运用非传统的混合、叠加、错位等隐喻和象征手法，设计具有很大的自由度。

❺ 大胆运用色彩和图案来装饰，使用非传统的色彩。

▲ 后现代风格客厅

3.2.6　自然风格

　　自然风格是"田园风格""乡土风格""地方风格"的总称，它提倡让自然生态回到室内，让设计回归自然界的本色。自然风格拙朴纯粹，体现原始的自然之美，具有宁静、舒适的生活气息。

▲ 自然风格餐厅设计

1. 田园风格

　　田园风格是一种贴近自然的风格。田园风格倡导"回归自然"，在美学上推崇"自然美"，其特点是朴实。田园风格采用带有田园生活气息和情调的砖、石、木、藤、竹等自然材料来营造居室氛围，力求表现悠闲、简朴的田园生活情趣。

　　田园风格的种类较多，大致可分为中式田园风格、美式田园风格、英式田园风格、法式田园风格、韩式田园风格和南亚风格等。

设计特点

❶ 运用天然材料装饰，纹理质朴，清新淡雅。

❷ 设置较多的室内绿化，创造自然、绿色的环境氛围。

❸ 地面采用素色的簇绒地毯或色织提花地毯。

❹ 陈设的材料以草、木、竹、纸、铁等为主，家具上多绘有花卉图案。

❺ 窗帘、沙发、床罩等采用印花或提花面料。装饰纹样多用富有自然气息的图案，如写实的小碎花、植物的叶子、芦苇、贝壳等。

田园风格

名称	设计特点	设计案例
中式田园风格	1.设计风格清新自然，装饰材料环保绿色，符合当代人返璞归真的人文追求。 2.简约实用、摒弃繁杂、不矫揉造作，强调自然之美。 3.窗帘与床上用品多采用棉、麻、丝等天然纺织品。 4.陈设采用植物、陶、砖、石等，墙上装点中国传统纹样或乡村题材的装饰画。 5.卧室色彩通常采用柔和高雅的浅色调，给人质朴、放松的视觉感受。 6.墙面不做过多精细的修饰，未经人工雕琢的粗糙、质朴的感觉让人更有亲和力，使空间环境更加贴近乡村原始自然的环境。	▲ 中式田园风格 中式田园风格图集
田园风格 美式田园风格	1.风格粗犷，讲究材料本身的效果，运用不经雕琢的纯天然实木、竹藤、石、红砖等材料，保留质朴的自然纹理。 2.家具式样厚重，采用做旧油漆处理，露出天然木纹。室内放置风格粗犷的布艺沙发，以及较多的绿植。 3.常用地中海样式的圆拱门，顶部采用木质井格造型的假梁，地面及顶部装饰使用纹理清晰的木板。 4.壁纸多为纯纸浆质地，多以树叶、高尔夫球、赛马等图案为主。 5.色彩以自然色调为主，其中，绿色、土褐色最多。墙面选择自然、怀旧、散发着浓郁泥土芬芳的色彩。多采用咖啡色条格纹的窗帘。 6.织物采用棉、麻等天然材料	▲ 美式田园风格 美式田园风格图集
英式田园风格	1.注重舒适性，强调沉稳、典雅，具有淡定与从容的韵味。 2.家具简洁大方，复古又现代。整体色调以象牙白、木色为主。 3.家具采用丝绒或皮革为表面材料，使用装饰线条及雕刻花纹装饰。 4.窗帘、布艺、壁纸多选用碎花、格子等图案。 5.装饰物主要有复古的摇椅、花卉盆栽、花布、陶瓷、铁艺制品等。 6.墙面一般以米黄色为主色调，地面以浅色系为主，加入一些草绿色、粉红色、蓝色和红色等	▲ 英式田园风格 英式田园风格图集

名称		设计特点	设计案例
田园风格	法式田园风格	1.具有清新浪漫，生活气息浓郁的特点。 2.空间呈开放式结构，采用对称式的布局。 3.采用天然材料来体现法式田园的清新淡雅。 4.家具尺寸纤巧，以优雅的曲线和弧度来装饰，脚部、纹饰等细节非常精美，还采用了具有怀旧情调的手绘装饰和洗白处理。 5.陈设主要有古董、植物等。 6.窗帘图案以方格子、花草、竖条纹为主，搭配罗马式窗幔。 7.整体色调淡雅、柔和，多为灰绿色系、灰蓝色系、鹅黄色系、藕荷色系及浅粉色系	▲ 法式田园风格 法式田园风格图集
	韩式田园风格	1.整体风格清新可爱、温馨浪漫，散发着自然的生活气息。 2.崇尚天然材料，家具以实木家具为主，装饰以手工布艺为主。家具造型优雅、线条细致，多使用奶白色、象牙白等颜色的油漆。 3.图案以纷繁的花卉为主。 4.色彩明亮、风格甜美，多使用粉色系的搭配形式，如粉蓝、粉绿、粉紫和粉黄等	▲ 韩式田园风格 韩式田园风格图集
	南亚风格	1.风格特征为崇尚热带雨林的自然之美、带有神秘色彩的异国情调。 2.运用木材、藤条、竹子、石材、青铜和黄铜等材料。 3.家具风格粗犷，材料多为柚木，具有光泽；多用雕花元素，表面采用做旧工艺。也有用椰壳、藤等材料做成的家具。 4.局部采用金色壁纸、丝绸质感的布料，运用灯光的变化体现稳重及豪华感。 5.色调以浓郁的深色系为主，如咖啡色、深紫色、黑色、金色等。 6.使用具有热带特色的装饰物和镂空隔断，极具南亚民族风情	▲ 南亚风格 南亚风格图集

2. 乡土风格

乡土风格是指以民俗特有的自然特征为形式和手段，在一定程度上表现出农村生活或乡间艺术的特色；以"回归自然"为设计核心，以带有乡村艺术和地方生活气息的元素为表现手段，以"天人合一"朴素生态观，追求人与自然的和谐共生的设计理念，打造"返璞归真"的室内环境，是人们崇尚自然及生态文明建设具有地方特色、融入地域历史文化、体现本民族特色的浪漫家园情怀。

设计特点

❶ 寻求和发掘本土设计元素，通过重点处理使其再现乡土风情。

❷ 室内空间环境、界面处理、家具陈设均采用家乡之物，一般为精美的手工艺品或自然物。

❸ 大量运用具有粗犷美感的木、石、竹等自然材料，采用暗色调、自然色系、灰色调。

知识拓展

乡土风格图集

▲ 古朴粗犷的自然材质打造的居住空间

3.2.7 混搭风格

近年来，建筑设计和室内设计总体上呈现出多元化、兼容并蓄的发展态势，室内装修与陈设则呈现出古今结合、中西相融的特点。例如，传统的屏风、摆设和茶几，配以现代风格的立面和门窗，以及现代简约风格的沙发；欧式古典的琉璃灯具和壁面装饰，配以东方传统的家具等。混搭风格不拘一格、独具匠心，在形体、色彩和材料等方面进行了深入推敲，从而呈现出比较特别的视觉效果。需要注意的是，混搭时一般只考虑将两种风格混搭，太多风格在一个空间里会使人眼花缭乱。在混搭时，还需要以一种风格为主，以另一种风格为辅。

知识拓展

混搭风格图集

▲ 混搭风格餐厅设计　陈诗雨（学生习作）

3.2.8　其他风格

居住空间的设计风格种类繁多，除上述风格，常见的设计风格还有北欧风格、地中海风格、波希米亚风格等。

其他居住空间设计风格

名称	设计特点	设计案例
北欧风格	1.北欧风格体现绿色、环保的设计理念，强调有机的设计思想和产品的人格化、情感化。 2.家具造型简约独特，注重功能，线条简练。 3.多用明快的中性色，如白色、黑色、棕色、灰色、原木色、米色和淡蓝色等。灰色和白色以及原木色能够创造出舒适、洁净的清爽感觉。 4.保留传统手工艺的特点和天然材料的质感。装饰材料主要有木、藤、石、玻璃和铁等。窗帘、地毯等软装多为棉麻质地。 5.室内保留原木制成的梁、檩、椽等建筑构件。平顶的楼房中采用纯装饰性的木质"假梁"	▲ 北欧风格餐厅设计 张辰昕（学生习作） 北欧风格图集
地中海风格	1.地中海风格给人以返璞归真、浪漫的感觉，极具亲和力。 2.主要设计元素有拱门、半拱门、贝壳、鹅卵石等。 3.家具表面做旧处理，材料以原木为主。地面主要采用马赛克瓷砖、天然石材等。 4.色彩多为纯正的天蓝色、白色及矿物质色彩	▲ 地中海风格卧室设计 郇家萌（学生习作） 地中海风格图集
波希米亚风格	1.崇尚自由，注重简洁随性，在有限的空间即兴摆放家具。室内装饰活泼、奔放、充满激情和创造力，装饰手法灵活，不拘一格。 2.层叠蕾丝、蜡染印花、皮质流苏、手工细绳结、刺绣和珠串都是波希米亚风格软装设计的经典元素。 3.不同的色彩、图案、纹理互相交错摆放，混搭出一个既富有现代感又有几分神秘感的空间环境。 4.家具保留木材本身的天然纹路，搭配绿色植物和镂空的装饰。 5.浓烈的色彩让波希米亚风格给人强烈的视觉冲击。暗灰、深蓝、黑色、大红、橘红、玫瑰红、玫瑰灰是这种风格的基色	▲ 波希米亚风格 波希米亚风格图集

　　学习居住空间设计的流派与风格的目的不是照搬某个流派或风格，而是"洋为中用"，通过比较中外不同设计风格，我们对中国传统文化更加自信，更加了解中国文化魅力，从而自觉弘扬中华美育精神和中华优秀传统文化。

任务实践

　　1. 讨论中国传统文化对家装风格的影响。
　　2. 根据网络调研的资料，选择5～6种近年来流行的家装风格进行详细描述与分析，完成《近年来流行的家装风格》调研报告，用案例说明，图文并茂，1 000～1 500字。

知识拓展

《近年来流行的家装
风格》调研实训
任务书

项目总结

　　要想真正掌握并能在实际项目中灵活运用各流派与风格，首先要了解运用居住空间设计流派和风格的重要性，还需阅读大量相关资料，学习与借鉴更多优秀设计案例，并在项目实训中积累经验。

　　在信息化时代，除了学习课堂上教师传授的知识点，学生还应养成查阅资料的习惯。图书馆、互联网、书店都是很好的收集资料的渠道。另外，房地产公司在推广新楼盘时，会推出许多风格独特的样板房以供参观，这也是一个很好的直观体验、学习的渠道，有助于学生提高对设计风格的感性认识。

思考与练习

一、多选题

　　1. 下面哪些是居住空间的装修风格？（　　　　）
　　　　A.中国传统风格　　　B.日式风格　　　C.现代风格　　　D.高技派　　　E.田园风格

2. 新中式风格主要吸取我国哪几个朝代的传统装饰"形""神"的特征，并将其应用于室内设计。(　　　)

　　A.唐　　　　　　　B.明　　　　　　　C.元　　　　　　　D.清

3. 自然风格包括以下哪几种风格?(　　　)

　　A.乡土风格　　　B.原始风格　　　C.田园风格　　　D.地方风格

二、填空题

1. 居住空间设计的主要流派有＿＿＿＿＿＿、＿＿＿＿＿＿、＿＿＿＿＿＿、＿＿＿＿＿＿、＿＿＿＿＿＿、＿＿＿＿＿＿等。

2. 光洁派的＿＿＿＿＿＿、＿＿＿＿＿＿、＿＿＿＿＿＿大多光洁平整，大量使用＿＿＿＿＿＿、＿＿＿＿＿＿、＿＿＿＿＿＿等硬质光亮的材料，刻意显示材料本身的质感和肌理效果。

3. 居住空间设计的风格主要有＿＿＿＿＿＿、＿＿＿＿＿＿、＿＿＿＿＿＿、＿＿＿＿＿＿、＿＿＿＿＿＿等。

三、思考题

1. 流派与风格的概念是什么?

2. 新中式风格有哪些特点?

3. 现代简约风格有哪些特点?

知识拓展

知 识 拓 展

北欧风格特征

知 识 拓 展

地中海风格特征

项目 4
居住空间设计要素分析

知识目标

1. 了解居住空间的类型、空间组织方法及界面处理方法
2. 掌握居住空间设计方法
3. 掌握居住空间配色要点及常规色彩搭配
4. 掌握居住空间的采光与照明
5. 掌握家具、陈设与绿化设计
6. 了解室内设计与人体工程学的关系
7. 掌握家具、设备、空间的合理设计尺寸

能力目标

1. 熟悉课前准备方法，掌握信息归类处理、分析的方法
2. 掌握调研方法，会撰写调研报告
3. 能应用所学的居住空间理论进行居住空间设计

素质目标

1. 培养学生良好的诚信道德与品质，培养创新设计意识，提高审美和人文素养
2. 培养职业素养、职业道德
3. 弘扬中华美育精神，在设计中传承和弘扬中华优秀传统文化
4. 传达积极向上的生活态度，树立绿色发展理念，在设计中提倡人与自然和谐的生态发展观
5. 培养团队合作、协同工作能力

思维导图

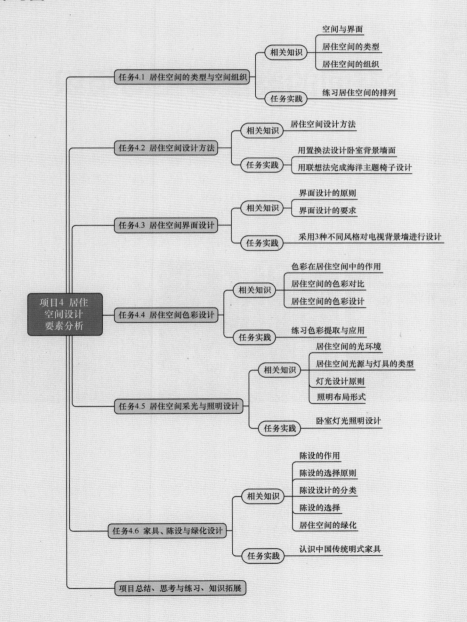

本项目主要讲解居住空间的类型、空间组织方法及界面处理方法，需要重点掌握居住空间设计方法、空间配色要点及常规色彩搭配、采光与照明、家具、陈设与绿化设计等内容。

课前准备	1. 想一想：客厅的功能有哪些？ 2. 查一查：餐厅的设计要点有哪些？ 3. 查一查：厨房的布局形式有哪几种？

任务4.1
居住空间的类型与空间组织

空间本是一个抽象的概念，其内涵是无界永在。空间是与时间相对的物质客观存在的一种形式。传统概念上的空间是指三维空间，由长度、宽度、高度表现出来。

空间主要分为自然空间与人为空间。自然空间是指物质实体存在与发展所涉及的客观范围，如自然界的山谷、沙漠、草地等。

人为空间指人们有目的地建造或围合而成的空间，如厅堂、庭院、广场等。

▲ 人为空间（厅堂、庭院、广场）

4.1.1 空间与界面

空间是由"界面"围合而成的，底下的称为"底界面"、顶上的称为"顶界面"、周围的称为"侧界面"。根据是否有顶界面，空间又可以分为内部空间与外部空间，有顶界面的为内部空间，无顶界面的为外部空间。

居住空间的大小由室内各个界面限定，不同的空间形态会对人产生不同的心理影响。空间组织是指通过分割与联系的方式，把几个小空间组合成各类大空间，以满足人们在生活中的物质需求与精神需求。

4.1.2　居住空间的类型

微课视频

居住空间的类型

居住空间的类型较为丰富，这是由人们的物质需求与精神需求决定的。居住空间可以根据形成过程、开敞程度、态势和分隔程度划分为多种类型。

居住空间的类型

类型		空间概述	图例
按形成过程分类	固定空间	固定空间在建筑主体工程完工时形成，由顶面、地面及四周的墙面围合而成，形状、尺寸、位置不可改变，又称一次空间。 特点：功能明确、界面固定、比较封闭，如卫生间、厨房	▲ 固定空间
	可变空间	可变空间是可以根据需要灵活改变位置、形状、尺寸等要素的空间，常用隔断、家具、帷幔、陈设、绿化等来分隔，也叫二次空间。 特点：灵活多变，其部分界面可以根据需要移动或撤除	▲ 可变空间
按开敞程度分类	开敞空间	开敞空间是一种外向型空间，空间界面的围合程度低，强调与周围环境的渗透与交流，由柱廊、落地窗、玻璃幕墙或带有大面积门、窗、洞口的墙体围合而成。 特点：具有外向性，限定度和私密度较小，视野开阔，注重借景，强调与周围环境的互动及融合	▲ 开敞空间
	封闭空间	封闭空间由限定度较高的界面围合而成，如卧室、视听室等。人在封闭空间中的视觉、听觉不受外界的干扰与影响。 特点：具有较强的领域感、安全感和私密性，与周围环境的交互性较差	▲ 封闭空间

续表

类型		空间概述	图例
按态势分类	静态空间	静态空间比较封闭且安静，空间关系表现得非常清晰，功能也比较明确，如卧室、书房等。 特点：多为尽端空间，空间封闭，私密性较强，限定度较高；界面装饰简单，色彩淡雅，光线柔和，从而使整体空间达到一种静态平衡	 ▲ 静态空间
	动态空间	动态空间具有空间的开敞性和视觉的导向性的特点。界面（特别是曲面）组织具有连续性和节奏性，空间构成形式富有变化性和多样性，以引导视觉。 特点：运用斜线、连续曲线使空间具备运动感，使界面组织具有节奏性和连续性；也可以在空间内引进流水、喷泉、瀑布、花木、阳光等动态要素，营造自然的动态效果	 ▲ 动态空间
按分隔程度分类	肯定空间	肯定空间界面清晰，范围明确，具有领域感。 特点：私密性较强，界限明确。封闭空间多为肯定空间，如视听室	 ▲ 肯定空间
	模糊空间	模糊空间是指界限不明确的空间。 特点：没有绝对的界限，且具有多种使用功能	 ▲ 模糊空间
	虚拟空间	虚拟空间是靠想象来划分的空间，无明显的界面，但有一定的隔离形态；没有较强的限定，只是靠部分形态展示，又称为"心理空间"。 特点：借助建筑构件、列柱、隔断、家具、陈设等，或利用围护面的凹凸结构、悬空楼梯、不同的标高等构成虚拟空间	

续表

类型		空间概述	图例
按分隔程度分类	地台空间	地台空间是指将室内地面的部分区域抬高，通过抬高地面边缘来限定空间的范围。 特点：具有展示的效果	 ▲ 地台空间
	下沉空间	下沉空间是将室内地面局部下沉来限定一个明确的空间范围。 特点：空间界限清晰，层次分明	 ▲ 下沉空间
	悬浮空间	悬浮空间一般采用局部降低吊顶，或将楼梯往下悬挂等方法来垂直划分空间，多用吊杆来悬吊。 特点：给人新奇的悬浮之感	 ▲ 悬浮空间
	交错空间	交错空间是指在水平方向上采用垂直围护面的交错配置，从而形成空间在水平方向上的穿插交错效果。 特点：是一种有灵活性和有趣味性的空间，设计上有层次感和动态效果，在大空间中便于交通流线的高效组织	 ▲ 交错空间
	虚幻空间	虚幻空间是指利用不同角度的水面或镜面反射来分隔空间。可以通过单一镜面反射虚像，也可以通过几个镜面的连续反射，把平面的物件打造成立体的效果。 特点：虚幻、不真实。选择有反射效果的镜面材料，可以在视觉上扩大空间	 ▲ 虚幻空间

4.1.3 居住空间的组织

居住空间的组织是指对已有的空间做出系统分析，根据现场环境及建筑功能，按单个空间到群体空间的顺序进行规划组织。空间组织的目的是使居住空间达到理性与感性的完美结合。

微课视频

居住空间组织

居住空间"只围不透"会使人感到沉闷、闭塞，但是太"通透"的空间会让人感觉缺少私密性，好像置身于室外。所以居住空间的"围"与"透"要适度，需要对居住空间进行适当的围合与分隔。

（1）空间的分隔。

居住空间的分隔按其程度可以分为绝对分隔与相对分隔两类；按其形式可以分为垂直分隔和水平分隔两类。

居住空间的分隔

分隔类型		类型概述	图例
按分隔程度划分	绝对分隔	绝对分隔指使用到顶的承重墙或轻质墙来围合空间，形成封闭空间。 特点：界限明确、封闭性强、遮挡视线、私密性较强、隔音好	▲ 绝对分隔
	相对分隔	相对分隔指以限定度较低的局部界面来分隔空间。 特点：封闭程度较低，不阻隔视线或不阻隔声音，具有一定的流动性，私密性略差，空间界限模糊。主要采用不到顶的隔墙、翼墙、屏风及较高的家具来分隔。	▲ 相对分隔

续表

分隔类型		类型概述	图例
按分隔形式划分	垂直分隔	垂直分隔指利用竖向建筑构件（如墙、框架、拱券等）将居住空间分隔成多个区域。 特点：利用原有建筑构件进行分隔，节省空间，增强竖向的层次感及空间延伸感	 ▲ 垂直分隔
	水平分隔	水平分隔指利用阶梯、夹层、天棚、地面高度差等将居住空间水平分隔成多个区域。 特点：打破空间的单调，使居住空间具有水平方向上的层次感	 ▲ 水平分隔

（2）空间的排列结构。

空间的排列结构指各个小空间的组织方式，主要有线性结构、放射结构、格栅结构、轴心结构4种类型。

线性结构：各子空间沿着一条直线或曲线形的通道呈线性布局。子空间的面积大小及形状可以有所变化，但都与通道相连接，分布于通道两侧。

放射结构：以一个中央空间为核心，其他子空间围绕中央空间从中心向外延伸，是一种外向型的空间组织。它一般适用于较为正式的布局，其重点是中央空间，其他空间围绕中央空间布置，并且都在中央空间处设置出入口。

格栅结构：在两组互为轴线的平行线之间建立重复的模块结构。把相同的空间组织在一起，一般采用环流路线设计。栅格空间结构可以大小不一，网格的一部分也可以消减、增加、叠加或移位。此结构使用过于频繁会显得单调、乏味。

轴心结构：当出现两个或两个以上主要的线性结构，而且它们像交错的马路以一定的角度交叉时，空间的组合形式即成为轴心结构。

任务实践　　根据上文中的描述，判断下表图例中空间排列属于哪种结构，在横线上补全结构名称，并查找更多不同结构的案例。

排列方式	图例
_____结构	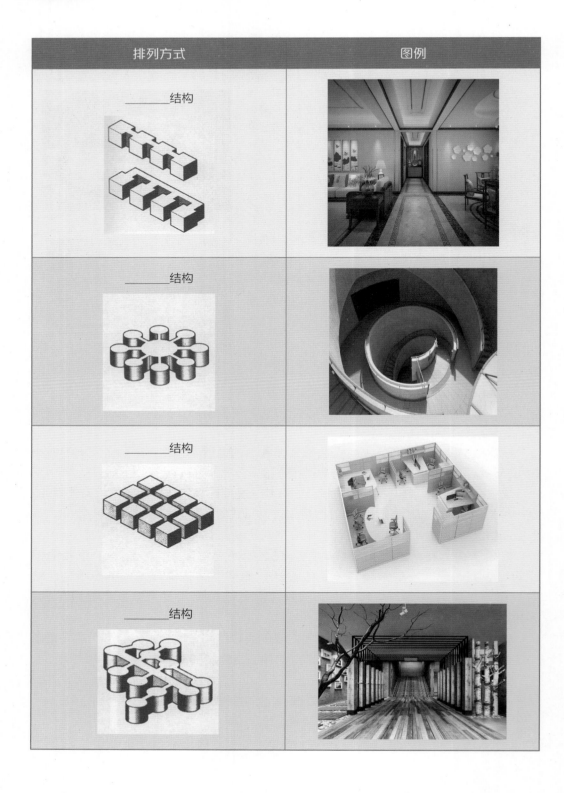
_____结构	
_____结构	
_____结构	

任务4.2
居住空间设计方法

居住空间的设计方法多种多样。我们在设计时要抓住项目的设计要点、创新设计思维、开拓想象力、灵活运用各种设计创作方法和创作技巧，下面介绍几种常用的设计方法。

微课视频

居住空间设计
基本方法

居住空间设计方法

调研法	调研法是通过收集反馈信息来改进设计的一种方法，在设计过程中，调研是必不可少的环节。其目的是发现新设计元素、设计创新点，使设计作品更具人性化、更符合流行趋势	优点列记法	优点列记法是指把成功案例中存在的优点和亮点罗列出来，然后在自己的设计中借鉴运用这些优点
		缺点列记法	缺点列记法是指罗列设计中存在的缺点和不足之处，并在之后的设计中加以修改或规避
		希望点列记法	希望点列记法是指收集业主建议或设计要求，听取多个渠道的意见，把意见汇总后作为设计的依据来考虑，然后搜索设计目标及创新点
夸张法	夸张法是指把一个基础造型的状态、特性进行放大或缩小，追求其在造型上极限夸张的形式。主要方法有重叠、组合、变换等，可以从色彩、形体、比例等多方面进行造型的极限夸张		
主题法	主题法是指在某些设计要素被限定的情况下进行创意设计。任何设计都有不同方向的主题，主题可以分为6种类型：结构主题、造型主题、材料主题、色彩主题、空间主题、灯光照明主题		
取向法	取向法是指当一个新的造型设计出来后，又衍生出一系列的相关设计，然后从中选择最佳的设计方案		
分解法	分解法是通过对已有造型进行有选择的吸收融合和巧妙借鉴，从而形成新的设计方法。分解法的适用对象可以是空间的具体形、色、质及其组合形式	直接分解	直接分解是指将优秀设计案例的可取之处（如色、形、质、工艺手法和造型手法）在相互协调的基础上直接移用到新的设计中
		间接分解	间接分解是指将很难直接移用的设计，进行局部借鉴移用。间接分解有3种类型：借鉴其造型而改变其色彩材质；借鉴其材质而改变其造型；借鉴其工艺手法而改变其色、形、质

续表

逆向法	逆向法是指从常规设计思维的反面或对立面思考，寻求设计上的异化和突变。这种打破常规思维的设计方法往往能给设计带来突破与创新。逆向法的适用对象既可以是思维、造型，也可以是具体的材料、色彩等		
转移法	转移法是指在别的领域寻找解决问题的方法，探究替代品。由于事物的性质发生变化引起了思维的突破，从而产生了新的设计效果		
置换法	置换法是指替换原来的设计、材料、工艺等要素，产生新的设计效果	变换设计	指变换造型、色彩、饰物等
		变换材料	指变换装修中的装饰材料，用类似的材料代替
		变换工艺	指变换室内的结构和施工工艺
加减法	加减法是指在设计时增加或删减部分内容，使其复杂化或简单化		
结合法	结合法是指把两种不同形态和功能的物体结合起来，从而产生新的复合功能。设计时也可以把不同的造型结合在一起		
联想法	联想法是指以某一个意念原型为出发点，展开联想，在联想过程或结果中寻找新的设计题材。联想法是拓展形象思维最好的方法，能拓宽设计思路，尤其适合设计师用来寻找灵感		
派生法	派生法是指在某个原型的基础上进行形态、细节等的渐次演变，如改变局部造型、形态大小等。派生可分为3种形式：外形与细节同时变化；外形不变，改变细节；细节不变，改变外形		
局部法	局部法是指在设计时以局部为出发点，进而扩展到整体的设计方法		

任务实践

1. 用置换法中变换材料的手法设计卧室背景墙面。
2. 用联想法，以思维导图为工具，完成一个海洋主题的椅子设计创意构思。

任务4.3
居住空间界面设计

居住空间界面设计是指对居住空间的各个围合面——地面、墙面、隔断、顶面等，进行形状、材质、肌理、构成等方面的设计。

微课视频

居住空间界面设计

4.3.1　界面设计的原则

1. 设计风格统一

同一空间内的各界面风格统一是居住空间界面装饰设计中的一个基本原则。

2. 使用功能和环境氛围一致

使用功能不同的空间，其环境氛围也各不相同。设计师在设计界面时要考虑使用功能与环境氛围的统一，如居住空间要求营造安静、亲切、富有生活情趣的环境，因此界面设计也要明快而温馨。

3. 避免过分突出

界面设计切忌造型奇特、色彩过分花哨。居住空间的界面始终是室内环境的背景，对家具和陈设起烘托作用，应该以简洁、明快、淡雅为主。只有舞厅、咖啡厅等需要营造特殊氛围的空间，才需要对界面进行重点装饰处理。

4.3.2　界面设计的要求

不同界面的处理方法各不相同。例如，顶界面的设计首先要满足隔热保暖、隔声、吸声等要求，其次要能达到一定的使用年限，并且易于制作安装和施工；底界面要具备耐磨、防滑、防潮等特性；侧界面的装饰要美观大方、经济实用，要与使用区域的功能要求相吻合。

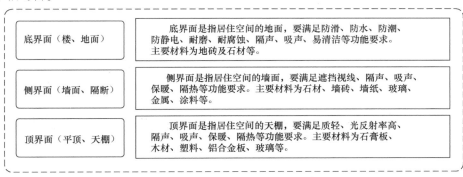

▲ 居住空间界面设计的要求

1. 底界面设计要求

底界面是居住空间的地面，在人的视线范围内所占比重仅次于侧界面，与人的距离较近，直接接触较多。因此，底界面设计首先要保证防滑、耐磨、坚固，满足耐腐蚀、防潮、防水、防静电、隔声、吸声、易清洁等功能要求。居住空间底界面的材料要针对具体需要合理选择、有所变化，例如客厅既可以用瓷砖，也可以用木地板；卧室与书房用木地板；阳台、卫生间用瓷砖等。

▲ 厨房瓷砖底界面　吴兢兢（学生习作）　　　▲ 餐厅木地板底界面　徐旭军（学生习作）

2. 侧界面设计要求

侧界面是室内空间的重要组成部分，它在室内空间中所占面积最大，是家具、陈设、艺术品的背景，对营造环境氛围有十分重要的作用。对侧界面的设计要求主要是保护墙体、美化空间、满足使用功能。

❶ 保护墙体。侧界面设计能使墙体在室内湿度较高时不易受到破坏。

❷ 美化空间。侧界面设计能使居住空间整洁美观、富有情趣和文化气息。

❸ 满足使用功能。侧界面具有隔热、保温和吸声等作用，能满足人们在室内的工作、学习、生活和休息需求。

▲ 客厅界面设计（侧界面）　　　　　　　　▲ 卧室界面设计（侧界面）

3. 顶界面设计要求

顶界面虽然不与人直接接触，但却是居住空间内最引人注目的界面。顶界面的设计要求如下。

知识拓展

居住空间顶棚
设计案例

❶ 造型轻快。设计多层次的造型、选择轻快的色调、进行明暗处理等都是顶界面的设计重点。顶界面的造型应尽量简

洁、完整、突出重点。

❷ 结构安全。顶界面的装饰要注意结构的合理性和可靠性，确保安全，避免顶部构件及装饰掉落造成意外事故。

❸ 掩盖设备。顶界面上有复杂的设备与管线，顶界面的设计要起到掩盖通风管道、消防系统、电缆线管、烟感器、自动喷淋器、扬声器等的作用，达到美化顶界面的目的。

常见的顶界面形式

顶界面形式	形式概述	图例
平整式顶界面	表现为一个较大的平面或曲面。 特点：装饰方便，外观朴素大方，造价经济，常用于卧室、书房或小面积的客厅	 ▲ 平整式顶界面
井格式顶界面	利用井字梁的节点和中心来布置灯具并加以适当装饰。 特点：朴素大方，节奏感强，常用于面积较大的客厅	 ▲ 井格式顶界面
悬挂式顶界面	悬挂各种折板、格栅或其他饰物，如玻璃顶、装饰织物顶等。 特点：造型新颖、别致，并且能使空间气氛轻松活泼，富有艺术趣味，常用于餐厅、卧室	 ▲ 悬挂式顶界面

续表

顶界面形式	形式概述	图例
分层式顶界面	将顶界面做成几个高低不同的叠级层次。 特点：简洁大方，与灯具、通风口自然结合。灯光和顶界面的造型设计相结合更能增强顶界面的层次感及装饰效果，常用于客厅、卧室	 ▲ 分层式顶界面
玻璃顶界面	满足采光的要求，打破空间的封闭感，使环境更富情趣。整个顶界面做成透明的，一种是人造发光天棚，另一种是直接采光天棚。 特点：造型华美富丽，常用于餐厅、门厅	 ▲ 玻璃顶界面
裸顶	把原有的混凝土天花板涂成黑色或深灰色，然后直接在楼板上安装设备、管线及灯具。 特点：便于维修，经济实惠，常用于走道、阳台或loft（原意为阁楼，这里指一种简约、前卫、灵活的装修设计风格）风格的客厅、餐厅	 ▲ 裸顶
集成吊顶	集成吊顶是采用紫外光固化涂料工艺处理的金属方板与电器的组合，分为扣板模块、取暖模块、照明模块、换气模块。 特点：安装简单，布置灵活，方便维修，常用于卫生间、厨房	 ▲ 集成吊顶

任务实践　运用界面设计基础知识设计一个电视背景墙。通过任务实践，掌握居住空间的界面设计要点及方法。

电视背景墙设计要求：位于客厅，墙宽3.2m，房间净高2.9m。请采用3种不同风格对电视背景墙进行设计，并绘制出电视背景墙的立面图和剖面图。

知识拓展

《电视背景墙设计》
实训任务书

任务4.4
居住空间色彩设计

影响居住空间效果的因素有很多，如空间组织、色彩、配景、材料质感、艺术处理技巧等，而色彩与材料质感在空间设计中占比较重要的地位。合适的色彩与材料质感可以起到强化空间形态、彰显个性的作用。

4.4.1　色彩在居住空间中的作用

色彩可以通过色相、纯度、明度、色调及对比等表达人们的情感和联想，影响人们的生理及心理反应。色彩能够改变空间环境的冷暖感、视觉的距离感及空间的尺度等。色彩可以调节居住空间中的光线，也可以改善居住空间的空间感。

1. 色彩与视觉效果

色彩有冷暖感。在色相环中，色彩可以分为冷色调与暖色调。最冷的色是蓝色，最暖的色是橙色。暖色给人生动、激情、热烈感觉。而冷色给人素雅、冷静、安静的感觉。

色彩有距离感。在同一视距条件下，暖色调、明亮色、纯度高的色彩给人前进、亲近的感觉，冷色调、深色调、纯度低的色彩给人后退、疏远的感觉。

色彩有尺度感。在居住空间设计中，深色具有收缩感，明亮的色彩具有开阔空间的作用。因此，在设计中，暖色调、明亮色、纯度高的色彩有使空间扩大、膨胀的感觉，而低明度、低纯度的色彩和冷色调有缩小空间的感觉。小户型往往选择明亮的色彩基调。

色彩有重量感。在居住空间设计中，一般采取上浅下深的设计原则，避免头重脚轻。

色彩有软硬感。色彩软硬感与明度、纯度有关。高明度、低纯度色系具有软感，低明度、高纯度色系具有硬感；纯度越高越具有硬感，纯度越低越具有软感；强对比色调具有硬感，弱对比色调具有软感。

2. 色彩与生理、心理效果

色彩的选择将直接影响居住空间的整体效果，同时影响着人们的生理和心理活动。研究由色彩引起的生理、心理效果，对于居住空间设计来说具有十分重要的意义。

4.4.2 居住空间的色彩对比

居住空间的主色调决定空间环境的基础色调。辅色调是与主色调相呼应，对居住空间起点缀作用的局部颜色。辅色调与主色调为对比色的情况较多，一般主色调的颜色深，辅色调的颜色就应该比较明快、活泼。主色调的纯度低，辅色调的颜色就应鲜亮、艳丽。居住空间的色彩对比主要有色彩明度对比、色彩纯度对比及色彩冷暖对比3种。

除了以上色彩对比，还有色相对比。色相对比就是把不同的色彩组合在一起借助它们之间产生的色相差异创造出对比效果。判断色相对比强弱的依据是色彩在色相环上的角度距离，距离越远对比越强烈，距离越近对比越弱。色相对比可以分为同类色、邻近色、类似色、中差色、对比色及互补色等的对比。居住空间的色彩对比还有形态对比、面积对比、无彩色对比以及有彩色对比等。

知识拓展

家居色彩心理效果解析

知识拓展

色相环

1. 居住空间的色彩对比表

居住空间的色彩对比表

色彩对比类型	对比效果
明度对比	明度对比是由色彩之间的明度差异形成的对比。在众多的色彩对比类型中，明度对比的效果最好，因为人眼对于明度的敏感程度最高。明度可以脱离色相、纯度而独立存在，这也是彩色图像调整成黑白图像后层次关系依然存在的原因。形成明度上的强烈对比能使空间界面及造型线条清晰，对比强烈

续表

色彩对比类型		对比效果
纯度对比		纯度对比是由色彩之间的纯度差异形成的对比。纯度对比能够为配色效果添加变化。纯度对比根据不同的纯度差而产生强弱之分，不同的纯度对比可以带来不同的视觉效果。使用纯度对比的空间色调柔和清新、环境高雅
冷暖对比		色相环中最冷的色彩为蓝色，最暖的色彩为橙色。冷暖色调可以互为对比，将冷暖色放在一起能相互突出，产生更加强烈的色彩视觉冲击。暖色调为主色调的配色会比较欢乐、愉快，再以黑色、白色、金色、银色为辅色调，能产生富丽堂皇的视觉效果。冷色调为主色调的环境比较幽雅宁静，搭配黑色、白色、灰色为辅色调，能产生清新脱俗的效果
有彩色与无彩色的对比		黑色、白色、灰色、金色、银色称为无彩色。无彩色具有统一调和的功能，这种对比在配色中最为常见。有彩色与白色搭配能够还原彩色的原貌，与黑色搭配看上去会比原本的色彩更加鲜艳
色相对比	同类色	同类色在色相环中相距15°，同类色对比是最弱的色相对比，视觉效果简单、朴素，通常结合纯度与明度的调整来增加变化
	邻近色	邻近色在色相环中相距30°，往往能产生统一、典雅的配色效果
	类似色	类似色在色相环中相距45°，是一种比较弱的对比，所产生的配色效果比较和谐、雅致
	中差色	中差色在色相环中相距90°，这种对比属于中等对比，既能通过对比丰富画面，又能使画面美观协调
	对比色	对比色在色相环中相距120°，由于色彩差异比较大，通常对比色会产生比较强烈的视觉效果
	互补色	互补色在色相环中相距180°，互补色对比是色相对比的极端，刺激而强烈的效果具有极大的视觉冲击力

▲ 明度对比（白色为高明度、深灰色为低明度）

▲ 纯度对比（橙色为高纯度，白色、浅灰色、米灰色为低纯度）

▲ 冷暖对比（棕色、橙色为暖色、湖绿色为
　 冷色）

▲ 有彩色与无彩色的对比（橙色为彩色，
　 白色、灰色为无彩色）

2. 居住空间色彩对比案例

　　居住空间最常用的配色方案是：墙面用浅色，地面用中间色，家具用较深的色彩，顶部的颜色一般浅于墙面或与墙面同色。不同的色彩组合可以搭配出不一样的效果，下面将举例说明几种常见的色彩搭配。

> **案例分析**
>
> ## 案例1：同类色配色设计案例（紫灰色+粉紫色）
>
> 　　同一基本色系下的不同色度和明暗度的颜色进行搭配，可创造出宁静、优雅的氛围。此种搭配多用于卧室、客厅，如墙壁、地板使用最浅的色度，床上用品、窗帘、椅子使用同一类色系，但色彩略深。
>
>
>
> ▲ 案例1
>
> ## 案例2：对比色配色设计案例（蓝色+橙色）
>
> 　　以蓝色系与橙色系为主的色彩搭配，表现出现代与活泼的视觉感受。这两种色

系原本属于强烈的对比色系，只要在双方的色度上有些变化，蓝色与橙色在色彩组合中最能给予空间青春活力的感觉

案例3：同类色配色设计案例（橙色+黄色）

同类色对比是怎么搭配都不容易出错的保险型搭配。墙壁、椅子与地毯等几种深浅不同的橙色搭配在一起使用，让客厅色彩活泼跳动。

▲ 案例2

▲ 案例3

案例4：明度对比设计案例（蓝色+白色）

蓝加白是地中海风格的经典配色，体现清凉与无瑕，令人心胸开阔，对于向往碧海蓝天的人士，蓝与白组合是居家色彩的经典选择。

案例5：低彩度配色设计案例（粉色+米白色+浅灰色）

不同色相的低彩度配色的效果比较雅致、清新，主要通过降低色彩的纯度，使不同色相和谐组织在一起，实现清新、优雅的配色。相比较高饱和度的颜色，莫兰迪色系将灰色调加入其他颜色中，看起来更加舒服、平缓，会给人沉静、温婉的感觉。粉色的装饰家居，减少家里的冷硬感，增添一丝温馨浪漫的柔和感。

▲ 案例4

▲ 案例5

4.4.3 居住空间的色彩设计

为了达到满意的居住空间设计效果，学好色彩搭配是设计师必须要做的。合理的色彩搭配是居住空间设计成功的关键，它能创造出既典雅、温馨，又有益于身心健康的居住空间。接下来，我们来了解居住空间中色彩设计的方法，了解色彩提取的过程及应用。

1. 居住空间色彩元素提取

居住空间色彩元素的来源很多，我们可以从中华大地的大好河山中寻找色彩搭配的灵感；可以潜心研究我国民间美术、民间工艺品，从中挖掘色彩元素；也可以从当今时尚界的色彩搭配中追寻色彩的流行趋势；还可以从传统绘画、书法中寻找色彩元素。另外，各民族、各地区都有自己的色彩语言，他们的人文、服饰、工艺品也可为我们提供极具地域特色的色彩元

素。所以，在进行居住空间色彩搭配时，设计师要依据设计需要，通过合适的渠道寻找合适的色彩元素，这样设计出来的居住空间，既能体现我国传统文化的内涵，又符合当今的流行趋势。通过创新设计，设计师能设计出具有中国人文神韵的居住空间。

色彩元素提取主要分为3步：寻找色彩来源、提取色彩、应用色彩。下面我们通过几个案例来说明色彩提取的过程。

（1）从自然界中提取色彩元素。

我们可以从中华大地的大好河山中提取色彩元素。山峦、河流、湖泊等都是居住空间色彩元素提取的渠道。

案例分析

从黄山风景图片中提取绿色色彩元素

黄山有"天下第一奇山"之称，仿佛人间仙境，缥缈的云雾、遒劲的迎客松、林立的奇峰，组成了一幅泼墨山水画。

可以从黄山风景图片中提取出灰色、绿色、白色等不同的色彩，将其应用于居住空间色彩设计中，可以给居住空间带来生机与活力。

大自然中有着丰富的色彩，其中绿色是很多人最喜爱的色彩之一，将这些深浅不同的绿色应用于居住空间设计中，能使人感受新生的悸动。充满着清凉自然之感的绿色用来装饰客厅，无论是搭配白色还是时尚的黑色，都将让客厅具有与众不同的自然效果。

▲　色彩来源　　　　　▲　色彩提取　　　　　▲　色彩在墙面上的应用

从花卉植物中提取色彩元素

案例分析

　　可以从粉白色的菊花图片中提取深浅不同的低纯度色彩，这些色彩不仅可以凸显居住空间明快的色彩效果，而且把女性的细腻、柔媚之感表达得淋漓尽致。这样的色彩若用于年轻女性的居住空间，可以让家具有优雅大气的古典之美，柔和的色调也彰显出年轻女性迷人纤巧的气质。

▲　花卉植物色彩元素的提取与应用

　　（2）从民族传统工艺品中提取元素。

　　我国优秀传统文化是中华民族的精神命脉。在设计过程中，我们不但要注意传承我国优秀传统文化的独特审美及内涵，展示中华民族灿烂的文化遗产，而且要传递中华民族的文化精神，反映中华民族的审美追求，从而创造出思想性、艺术性、观赏性有机统一的优秀作品。

案例分析

从青花瓷中提取色彩元素

任何设计作品都要重视文化传承，因为越是民族的东西越具有世界性。我国幅员辽阔，历史文化资源非常丰富，其中，我国青花瓷的图案与色彩清新脱俗，给人以明快、素雅之感。这个穿越千百年的古老元素，不仅没有被人遗忘，反而超越国界成为风靡世界的元素，被国际品牌大量应用于服装、装饰品、交通工具、箱包等的设计中。青花瓷元素的流行让我们更加为我国传统文化感到自豪。

青花瓷的图案用笔流利豪放、点染错落有致，把幽静秀丽的自然美景描绘得意趣无穷；青花瓷的色彩淡雅，蕴含着一种宠辱不惊的态度。

这样优雅迷人的图案与色彩凝聚了时间的精华，若应用于卧室、客厅，可营造出一种悠然古韵之味，散发出婉转和清秀的气质。

▲ 色彩来源　　　　　　　　　　　　　　▲ 色彩提取

▲ 青花瓷元素在居住空间陈设上的应用

▲ 青花瓷元素在居住空间界面
　和陈设上的应用

（3）从绘画中提取色彩元素。

　　要想成为一名优秀的设计师，就需要知道可以从哪些地方提取自己做设计所需的元素。我们都知道，设计是从绘画语言中脱离出来的，因此从中外名家的绘画作品中可以提取出很丰富的设计元素，例如，很多设计师从蒙特里安的绘画作品中提取造型元素与色彩元素，并将其应用于家具的设计与居住空间的设计。

案例分析

从莫兰迪的绘画作品中提取色彩元素

　　意大利画家乔治·莫兰迪擅长用中间调和灰色调来表现物象，通过这些低饱和度色彩的搭配组合，可以营造出温柔优雅的质感。从他的绘画作品中提取的色彩被称为"莫兰迪色"，是近几年流行的色彩元素。采用低调、柔和的淡裸色来装饰家居，更能给人一种视觉上的舒适感。

▲ 莫兰迪作品中色彩元素的提取与应用

2. 居住空间配色要点

　　居住空间色彩搭配的目的是使人感到舒适，所以居住空间的色彩搭配必须符合空间构图原则及人的生理、心理特性，以充分发挥色彩设计对于居住空间的美化作用。另外，居住空间色彩还应与其风格紧密结合，不同的风格有其独特的色彩表现。

❶ 在整体色调中求变化，且符合配色规律；并且考虑采光和照明对室内色彩的影响。

❷ 空间主色调（除白色、黑色以外）不得超过3种，注意色彩的黄金比例。若有3种主色调，则三者的比例为6:3:1。太多的色彩配在一起会显得杂乱无章。

❸ 相邻房间的色彩要有联系，要考虑视觉的连续性及心理的适应性。

❹ 色彩要依据室内风格特征及构造来选择。选择符合风格特征的主题色彩，不同的主题应有自己的色彩。

❺ 业主是居住空间的使用主体，所以进行色彩搭配时要注意业主的年龄、性格及爱好。

❻ 金色、银色可以与任何颜色搭配，但二者不能同时存在，在同一空间中只宜使用其中一种。

▲ 绿色系配色　　　　　　　▲ 橙色系配色　　　　　　　▲ 蓝色系配色

3. 不同区域的配色技巧

❶ 顶界面色彩。顶界面色彩常采用白色或接近于白色的亮色，这样室内照明效果较好。整体空间的色彩为同一色系时，通常顶界面色彩要比墙面色彩浅，而墙面色彩要比地面色彩浅，浅色适合上部，深色适合下部，避免头重脚轻。

❷ 墙面色彩。墙面在居住空间中所占比例较大，在室内的氛围营造上占主体地位。通常墙面色彩比顶界面色彩稍深些，采用低纯度、高明度的淡色为佳，或者采用无彩色，最好不用艳丽的纯色。墙面色彩还需要结合朝向、采光来选择。

❸ 门及门框、窗框色彩。门窗色彩一般以中明度的蓝灰色、浅灰色、咖啡色及白色为主。整个侧界面的色调尽量在统一中求变化。例如，墙面色彩较明亮时，门可以用暗色；墙面色彩较深时，门及门框的色彩则要明亮一些。门和窗的色彩最好统一。

❹ 墙裙色彩。墙裙不仅有装饰作用，也有保护墙面，使墙面不被碰坏、弄脏的作用。墙裙一般采用低明度、低纯度的色彩，有些特殊风格的墙裙也会用白色。上下墙裙的材料不同时，色彩最好也有所区别，一般是上面的浅、下面的深；上下墙裙的分割线一般与窗台平齐。

知 识 拓 展

居住空间色彩
设计案例

❺ 踢脚线色彩。踢脚线是为了保护墙面及地面收口而设置的，通常采用明度低、耐脏的深色。一般来说，踢脚线的颜色与门套的颜色一致，或与地面色彩统一。

❻ 地面色彩。地面色彩与墙面色彩为同一色系较好，但它们之间的明度要有所区别，地面色彩应比墙面色彩略深一些。

❼ 家具色彩。家具的色彩在居住空间中起点缀作用。家具色彩与墙面、地面色彩往往是对比色，这样会让家具与墙面、地面有所区别。如果墙面色彩是暖色系，那么家具一般选用冷色系或中性色；如果墙面色彩是冷色系或无彩色，那么家具一般采用暖色系。

任务实践

　　参考以下色彩提取案例，进行色彩提取与应用练习。

　　1. 自然风景色彩元素提取

　　傍晚时分，落日晚霞美不胜收。在夕阳的照耀下，水天一色，大地笼罩在橘色的余晖中。橙色作为暖色系，拥有众多的搭配"伙伴"。其中，橙色与湖蓝色、湖绿色的搭配往往可以呈现出意想不到的色彩对比效果。

▲ 自然风景色彩元素的提取与应用

任务实践

2. 传统刺绣色彩元素提取

刺绣是我国民间传统手工艺之一，有两三千年的历史。在中华民族漫漫的历史长河中，心灵手巧的劳动人民创造了色彩斑斓的刺绣工艺。刺绣作品结构严谨、做工精致、配色赏心悦目。传统刺绣在室内装饰设计中的应用越来越广泛，不仅应用于软装，从精美的刺绣中提取的色彩与图案还被应用于室内的界面设计，由此打造出别具一格的中国风居住空间，该风格也成为当今世界居住空间设计的时尚流行趋势。

知识拓展

中国传统绘画
色彩的应用

▲ 传统刺绣色彩元素的提取

▲ 传统刺绣图案及色彩元素的应用

任务4.5
居住空间采光与照明设计

居住空间中的采光主要分为自然采光与人工照明，选择人工照明所用的灯具不仅要考虑照明的效果，还要考虑灯具的造型与风格。设计师只有在了解灯具的分类、照明的方式以及灯光设计要求后，才能更好地为居住空间选配价格合理、风格合适的灯具。

微课视频

居住空间采光与
照明

4.5.1　居住空间的光环境

1. 光的基本概念

❶ 光通量：指人眼所能感受到的辐射功率，单位为流明（lm）。

❷ 亮度：指发光体表面在某个特定方向的发光密度，单位是堪德拉每平方米（cd/m²）或称nits。

❸ 光源：包括整套灯光系统，如反射镜、电灯等。

❹ 反光射值：指喷漆墙面或其他房间装修内，从一个特定表面反射光的百分比。

❺ 显色性：光源对物体真实颜色的呈现程度。

❻ 光色：人眼直接观察光源时所看到的颜色，也可以用色温来表示。

❼ 色温：把一块理想的纯黑色金属物质加热，随着温度不断上升，该物质会呈现出不同的颜色，人们把不同颜色所对应的温度叫作色温，并以此为标准来定义可见光的色调。

2. 光环境的分类

光环境对人的生理和心理会产生极其深远的影响，它是影响人类行为最直接的因素之一。居住空间中的光环境分为自然采光和人工照明两类。

❶ 自然采光：直接将日光引入室内的做法，称为"自然采光"。

❷ 人工照明：通过灯具为室内提供光线的做法，称为"人工照明"。人工照明是夜间的主要照明方式，也可以用来弥补白天室内光线的不足。

3. 人工照明方式

人工照明因为灯具造型的不同，所产生的光照效果也不同。照明用光可分为直射光、反射光和漫射光3种。根据光线在空间中的分布状况，照明方式可以分为以下几种。

序号	照明方式	空间分布状况	图例
1	直接照明	光源裸露在外，灯光直射照明，其中90%~100%的光线投射在被照物体上。具有强烈的明暗对比，并且能形成生动的光影效果，光线刺眼、炫目	0~10% / 90%~100%
2	半直接照明	光源由半透明材料制成的灯罩罩住。60%~90%的光线集中射向墙面和地面，10%~40%的光线经半透明材料制成的灯罩扩散而向上形成漫反射，光线比较柔和	10%~40% / 60%~90%
3	间接照明	将光源藏起来而产生间接光，靠灯光的反射、折射照明。其中90%~100%的光线通过天棚或墙面反射在工作面上，10%及以下的光线直接照射在被照物体上。灯光效果柔和，与其他照明方式配合使用	90%~100% / 0~10%
4	半间接照明	与半直接照明相反，把由半透明材料制成的灯罩装在灯泡下部，60%~90%的光线射向顶面，形成间接光源，10%~40%的光线经灯罩向下扩散。与其他照明方式配合使用	60%~90% / 10%~40%
5	漫射照明	利用灯具的折射功能来控制眩光，使光线从灯罩上口射出经平顶反射，向四周扩散漫射。也可以用半透明磨砂灯罩或乳白色灯罩把光线全部封锁起来，使光线产生多方向的漫射。光线柔和，视觉效果比较舒服，所以漫照反射适用于卧室	40%~60% / 40%~60%

4. 灯光的照明质量

灯光的照明质量取决于照度、亮度、眩光、阴影4个因素。

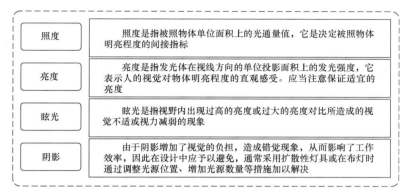

▲ 影响灯光照明质量的4个因素

4.5.2 居住空间光源与灯具的类型

灯具是将一个或多个光源发射的光线重新分布，或改变其光色的装置。灯具包括固定和保护光源，以及将光源与电源连接所必需的所有部件，但不包括光源本身。

1. 灯具的作用和特性

选择灯具时要注意合理配光，防止光源引起的眩光和阴影。灯具的作用为美化环境、提高光源利用率、保护光源免受机械损伤并为其供电。此外，灯具还能保证特殊场所的照明安全，如防爆、防尘、防水等。

2. 电光源的种类

电光源主要分为热辐射、电气放电辐射、电致发光三大类。

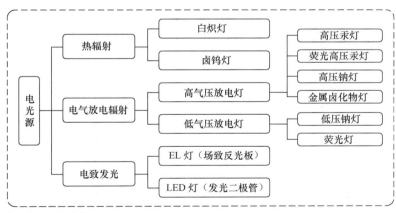

▲ 电光源的种类

3. 灯具的分类

随着科技的发展，居住空间中可用的灯具品种越来越多，常用的灯具品种有吸顶灯、吊灯、嵌入式筒灯、石英射灯、斗胆灯、壁灯、可移动灯、镜前灯、LED灯带等。

灯具的分类

灯具类型	应用区域	安装效果
 ▲ 吸顶灯：灯具上方较平，安装时底部完全贴在天花板上	客厅、卧室、门厅、走道、厨房、卫生间、阳台等	 ▲ 吸顶灯
 ▲ 吊灯：悬吊在室内显眼处、天花板上有装饰功能的灯具	客厅、书房、餐厅等	 ▲ 吊灯
 ▲ 嵌入式筒灯：嵌装在天花板里面，只发出向下光线的一种照明灯具	卧室、客厅、书房、卫生间、天棚周边等	 ▲ 嵌入式筒灯
▲ 石英射灯：为了重点表现某些局部空间或者突出某个物体时使用的射灯，发出的光线比较集中，可在被照区域强化照明效果	客厅、卧室、书房、走道等	 ▲ 石英射灯

续表

灯具类型	应用区域	安装效果
▲ 斗胆灯（雷士射灯）：又称格栅射灯，因为灯具内胆使用的光源的外形类似"斗"状（旧时量粮食的器具），所以叫斗胆灯	客厅、卧室、书房、走道等	▲ 斗胆灯
▲ 壁灯：安装在墙壁、建筑支柱和其他立面上的灯具	客厅、卫生间、楼梯间等	▲ 壁灯
▲ 可移动灯：可移动其安放的位置，分落地灯和台灯两类；一般布置在客厅和休息区域里，与沙发、茶几配合使用，以满足房间局部照明和装饰家庭环境的需求，可随时变动位置	卧室、客厅、书房等	▲ 落地灯

续表

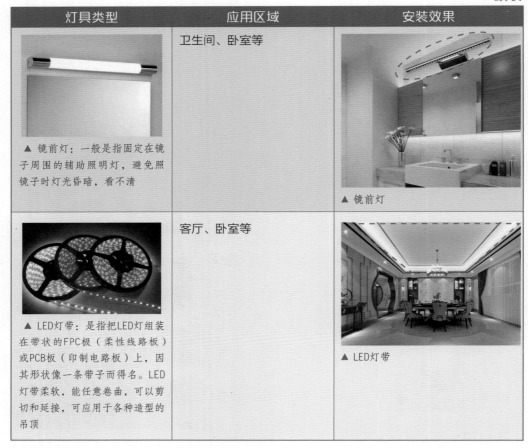

灯具类型	应用区域	安装效果
▲ 镜前灯：一般是指固定在镜子周围的辅助照明灯，避免照镜子时灯光昏暗，看不清	卫生间、卧室等	▲ 镜前灯
▲ LED灯带：是指把LED灯组装在带状的FPC板（柔性线路板）或PCB板（印制电路板）上，因其形状像一条带子而得名。LED灯带柔软，能任意卷曲，可以剪切和延接，可应用于各种造型的吊顶	客厅、卧室等	▲ LED灯带

4.5.3 灯光设计原则

1. 实用性

灯光设计应满足工作、学习和生活的功能需求。设计师应结合功能选择灯光的光源、照度、投射方向和角度，使灯光设计与功能、使用性质、空间造型、色彩、陈设等相协调，以取得良好的整体光照效果。

2. 安全性

电路和配电方式要符合安全标准，不允许过载、漏电。开关、线路、灯具都要有安全保护，以避免火灾和伤亡事故的发生。

3. 经济性

❶ 选择节能技术先进的灯具，在保证实际照明效果的情况下节约能源。

❷ 灯光设计要符合当前城乡的电力供应。

4. 艺术性

❶ 照明灯具有装饰作用，选择的灯具要符合整体装修风格特征。

❷ 正确选择照明方式、光源种类、灯具造型及灯具尺寸，居住空间中的灯具不宜过大、过多。

❸ 处理好光的色彩与投射角度，以丰富空间、增强艺术效果。

4.5.4　照明布局形式

照明是设计师的一个重要工具，因为灯光照明设计可以完全改变一个空间的使用体验。照明布局形式可以分为3种：基础照明、重点照明、装饰照明。

1. 基础照明

基础照明是最基本的照明方式，也称为"环境照明"。基础照明包括大空间内全面、基本的照明，重点的照明，以及垂直面的照明。一般选用光线比较均匀、全面的照明灯具。

知识拓展
居住空间灯光设计

2. 重点照明

重点照明是指对主要场所和对象进行的重点投光，目的在于吸引人的注意力。一般选用光线方向性较强的灯，如射灯。

3. 装饰照明

装饰照明是以装饰为目的的独立照明，其作用为增加空间层次感，营造环境气氛，如壁灯、吊灯。

知识拓展
灯光照明设计

任务实践　　参考给定的卧室平面图进行卧室的灯光照明设计。重点掌握居住空间的灯光设计方法与设计原则，锻炼根据实际场地进行灯光设计的能力，同时进一步培养学生的工程图纸手绘能力与方案设计的能力。

　　要求：

　　（1）绘制卧室空间平面图、卧室顶平面图。

　　（2）设计表达方式不限，计算机制图或手绘均可，无须排版。

　　（3）编写卧室灯光设计说明，500字，配灯具意向图。

知识拓展
参考卧室平面图

任务4.6
家具、陈设与绿化设计

居住空间中的家具、陈设与绿化设计属于软装设计。软装设计可以理解为居住空间内一切可移动的装饰物品，包括家具、灯具、布艺品、工艺品、窗帘、挂画、植物等。

家具是指家用的器具。广义的家具是指维持人们正常生活，以及人们从事生产实践和开展社会活动必不可少的器具。狭义的家具是指在日常生活、工作和社会交往活动中供人们坐、卧或支撑与储存物品的一类器具。

陈设是室内设计的重要组成部分。居住空间中除了固定装饰，其他可移动的布置物品都可称为"陈设"，陈设是从物质追求到精神追求的跨越。陈设设计是在室内设计的整体构思下，对艺术品、生活品、收藏品、绿化等做进一步深入细致的设计，从而体现文化层次，获得更好的艺术效果。

微课视频

居住空间陈设与
植物配置

4.6.1 陈设的作用

陈设的主要作用有以下4点。

❶ 强化室内设计的风格，丰富空间层次。

❷ 反映业主的民族特征、个人爱好及性格，体现业主审美及艺术品位，陶冶人的情操。

❸ 丰富精神内涵和环境意境，烘托室内环境氛围，使空间更加舒适、实用、美观和温馨。

❹ 柔化空间，丰富环境色彩，增添活力。

▲ 客厅内的植物营造空间活力

▲ 造型奇特的家具反映时尚与流行趋势

4.6.2　陈设的选择原则

在选择陈设时需要遵循以下原则。

❶ 选择陈设的风格要与室内装修风格一致，与整体环境相协调。

❷ 构图均衡，空间关系合理，考虑陈设尺度与空间尺度的比例关系。

❸ 主次分明，增加空间的层次，不宜求多而造成空间凌乱。

❹ 与室内色彩搭配相协调，注重视觉效果，为居住空间增添人文与艺术氛围。

4.6.3　陈设设计的分类

1. 陈设设计的内容

❶ 主题及背景的设计。

❷ 家具、灯具、织物等的摆放、展示。

❸ 艺术品的选择、安装、展示与布置。

❹ 界面的装饰与布置。

❺ 空间整体艺术效果的创造和艺术风格的塑造。

2. 按照使用功能分类

陈设种类繁多，根据使用功能不同，可分为功能性陈设和装饰性陈设。

❶ 功能性陈设，指具有一定实用价值又有一定的观赏性和装饰作用的陈设。

灯具：一般可分为吊灯、吸顶灯、台灯、落地灯、壁灯。在选择灯具时一般要考虑3个因素，即实用性、光色、灯具的风格。

织物：织物陈设包括地毯、墙布、窗帘、帷幔、坐垫、靠垫、装饰壁挂等。在选择的过程

▲ 功能性陈设

中主要考虑以下几个方面：要满足使用人群的心理需求，与室内整体环境协调，不同功能的织物相统一，以满足环境的气氛和格调。结合功能需求，充分发挥织物本身的特点，且要经济实惠。

家具：家具是室内的主要陈设物，根据家具的用途可将其分为实用性家具及观赏性家具两类。家具是室内环境中的重点，主要功能是满足人的使用要求；其次是为居住空间环境增添时尚的元素。在选择家具时，要注意其尺寸、造型和色彩都要与装修风格相

协调，同时注意摆放位置的合理性。

❷装饰性陈设，指没有实用功能，纯粹用来观赏的陈设品，具有极强的观赏性，可增添空间的情趣，陶冶人的情操。

饰品陈设：饰品也可称作摆设品，饰品陈设是室内最易变更、移动、增减的装饰物。主要功能是加强室内空间的视觉效果，增强生活环境的风格特点与艺术品位。饰品可以分为以纯观赏为主的陈设品、以实用为主兼具陈设作用的陈设品和个性化饰品。

▲ 装饰性陈设

3. 按照动与静分类

动态陈设主要指环境中可以移动的陈设，如家具、屏风、活动灯具。这类陈设具有灵活多变的特点，可随时变换位置或更改物品。静态陈设是位置固定的陈设。

4. 按照虚实效果分类

虚幻陈设指一种通过日光、灯光等特定的媒介，穿过透明或半透明的屏风、灯具等映在墙上或顶棚上所产生的陈设效果，具有梦幻的装饰作用。实物陈设指"看得见，摸得着"的实实在在的物品和陈设。

5. 按照陈设方式分类

❶墙面陈列：主要在墙上陈列有文化特色的绘画、书法、摄影、装饰画、民间工艺品、编织物、窗帘等物品。注意摆放的角度、高度和位置要适宜，选取的作品题材与家具、室内风格协调一致。

❷台面陈列：台面摆放陈设包括餐桌、茶几、写字台、床头柜、化妆台、矮柜、窗台、壁炉、电视机柜等一切台面上的陈设物布置。设计时要考虑如何满足人们日常生活物件盛放的需要，根据不同台面的要求摆放物品。

❸橱架陈列：一般多采用壁架、隔墙式橱架、书架、书橱、陈列橱等多种形式，用书籍、传统工艺品、古董、纪念品等用品进行展示。陈设品的数量、种类要根据橱架空间的大小而定。

❹地面陈列：与空中吊挂陈设的方向正好相反，主要指铺设或坐落于地面上的陈设装饰品，如地毯、榻榻米、鹅卵石、花卉植物等。需要依照艺术规律进行地面布置，在井然的次序中寻求适当变化，是室内装饰中的亮点。

❺悬挂陈列：从顶棚向下垂吊，没有落地连接。吊灯、织物、绿植、金属挂件等都可悬挂起来陈列，起到丰富室内空间、增强空间层次感的作用。

▲ 动态陈设（屏风）

▲ 墙面陈列（挂画）及台面陈列
（桌布、枯木、果盘等）

4.6.4　陈设的选择

知识拓展

自然主题软装
陈设案例

陈设的种类很多，选择陈设时要配合居住空间的整体设计风格。陈设在色彩、造型与材质方面的风格要与整体设计风格一致。

陈设风格选择	可以选择与室内风格相协调的陈设，使室内风格统一；也可以选择与室内风格形成对比的陈设，使居住空间显得活泼、生动，但变化不要太多，以免杂乱无章
陈设色彩选择	选择陈设色彩时应首先对环境色进行总体的控制和把握，在充分考虑总体环境色彩协调统一的基础上进行适当的点缀，起到画龙点睛的作用，从而丰富室内环境色彩，打破过分统一和沉闷的格局
陈设造型选择	要注意与室内环境的对比和协调，造型要简洁
陈设质地选择	在同一空间中宜选择质地相同或类似的陈设，以取得统一的效果，也可以加入少量的对比效果

居住空间的各个功能区域在陈设的选择上要有所区别，不同区域的陈设所起到的作用也不相同。

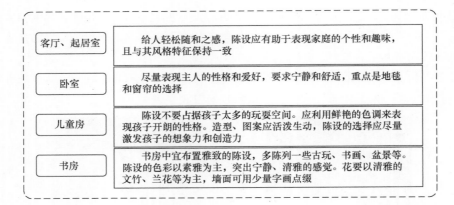

客厅、起居室	给人轻松随和之感，陈设应有助于表现家庭的个性和趣味，且与其风格特征保持一致
卧室	尽量表现主人的性格和爱好，要求宁静和舒适，重点是地毯和窗帘的选择
儿童房	陈设不要占据孩子太多的玩耍空间。应利用鲜艳的色调来表现孩子开朗的性格。造型、图案应活泼生动，陈设的选择应尽量激发孩子的想象力和创造力
书房	书房中宜布置雅致的陈设，多陈列一些古玩、书画、盆景等。陈设的色彩以素雅为主，突出宁静、清雅的感觉。花要以清雅的文竹、兰花等为主，墙面可用少量字画点缀

4.6.5 居住空间的绿化

居住空间的绿化是装点生活的艺术，不仅有净化空间、美化环境的作用，还有抒发情感、营造氛围、体现主人性格和品位的作用。下面来了解一下室内绿化的功能、绿化组织形式与居室绿化手法。

1. 室内绿化的功能

植物能带给人们精神上的享受，满足人们的心理需求，提高环境质量，缓解生活压力，其主要功能有以下几点。

❶ 改善室内环境，提高空气质量，调节湿度。

❷ 绿色植物可以放松心情、缓解视觉疲劳。

❸ 丰富室内空间色彩，用绿色装饰空间、组织空间，利用空间死角摆放植物。

❹ 植物与灯具、家具结合，可成为一种综合性的艺术陈设，提高空间的艺术性。

❺ 用植物作为展品或背景陪衬，起到突出主题的作用。

❻ 利用植物特有的曲线、多姿的形态、柔软的质感和艳丽的色彩为室内增添生机。

▲ 休闲区的植物装饰

2. 绿化组织形式

绿化设计多采用通透手法，把空间有机地联系在一起，一般可以用分隔、规划、填充空间等组织形式。

❶ 以绿化联系空间。

❷ 以绿化分隔空间。

❸ 以绿化填补空间。

❹ 以绿化构成虚拟空间。

❺ 内外空间的过渡与延伸。

❻ 引导空间，起提示与指向作用。

▲ 客厅的植物装饰

▲ 以植物分割空间

3. 室内绿化手法

室内多用盆景绿化、悬吊式绿化。

知识拓展

居住空间植物
配置表

❶ 盆景绿化：主要指树桩盆景，一般应选取姿态优美、植株矮、叶小、寿命长、易于造型的植物。

❷ 悬吊式绿化：如吊兰、紫罗兰等，可放在较高处，自然向下伸展，其婆娑多姿、别有情趣。

绿化形式主要是点状绿化、线状绿化和面状绿化。

❶ 点状绿化：以点为单位的盆景放在室内的某一位置，起美化环境的作用。

❷ 线状绿化：植物以单线排列或以带状排列，可区分出不同的功能区域。

❸ 面状绿化：绿化植物以面的形态出现，通常作为背景使用，在墙面、地面等界面出现大块的绿化，主要为了突出前面的家具等陈设品。

任务实践　　对体现中国传统文化的明式家具进行深刻的文化剖析和设计拆解，认识明式家具在国际舞台上的认可度和地位。

知识拓展
中国传统明式家具

项目总结

通过本项目的学习，我们掌握了居住空间的类型与空间组织方法，居住空间界面处理方法，居住空间的色彩设计方法，居住空间采光与照明的设计方法，及家具、陈设与绿化设计等方面的内容，为后面的居住空间设计项目实训打下理论基础。

思考与练习

一、单选题

1. 界面的哪种划分形式使人感觉空间紧缩？（　　　）
   A.垂直划分　　　　　　　　　B.水平划分
2. 哪种顶界面设计是利用井字梁的节点和中心来布置灯具的？（　　　）
   A.平顶式　　　　　　　　　　B.悬挂式
   C.井格式　　　　　　　　　　D.分层式
3. 哪种色彩对比处理是以灰色调为主色调，对比色彩纯度较高的辅色调？（　　　）
   A.色彩的明度对比处理　　　　B.色彩的纯度对比处理
   C.色彩的冷暖对比处理
4. 朝北且光线弱的房间可选择哪类色彩？（　　　）
   A.明度高的冷色调　　　　　　B.明度高的色彩
   C.明度高的暖色调　　　　　　D.纯度高的色彩
5. 大部分光线集中射向墙面和地面，少部分光线经半透明材料制成的灯罩扩散而向

上漫射，光线比较柔和，这种照明方式叫什么?（　　　）

    A.间接照明   B.半间接照明

    C.直接照明   D.半直接照明

二、填空题

1．绝对分隔的特点是 _____ 、_____ 、_____ 、_____ 、隔音好。

2．空间的排列结构主要有 _____ 、_____ 、_____ 、_____ 4种类型。

三、思考题

1.简述界面设计的原则。

2.简述居住空间配色要点。

3.照明布局形式有哪些?

知识拓展

知识拓展

居住空间软装
设计案例

项目 5
居住空间各区域设计要点

知识目标

1. 了解中国传统文化传播、美学等知识
2. 掌握居住空间各区域的功能及设计要点

能力目标

1. 具备居住空间各区域的设计能力
2. 具备居住空间的软装设计与布置的能力
3. 能灵活运用设计理论知识进行居住空间设计

素质目标

1. 培养学生良好的诚信道德与品质
2. 培养民族自信，弘扬中华美育精神，自觉传承和弘扬中华优秀传统文化

思维导图

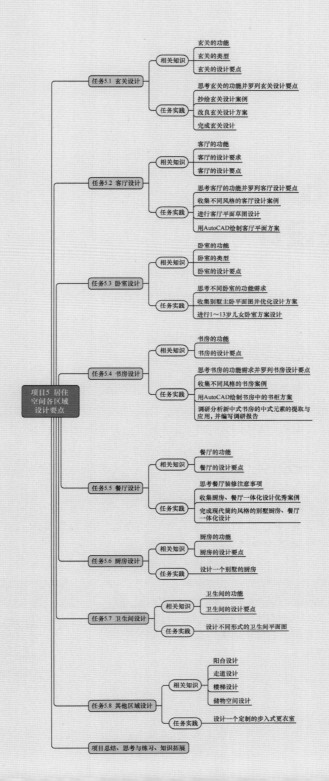

居住空间主要由玄关、客厅、卧室、书房、餐厅、厨房、卫生间等区域组成，在本项目中，我们将主要了解居住空间各区域的功能、类型、材料、采光与照明、家具等方面的内容。

课前准备

1. 想一想：客厅的功能有哪些？
2. 查一查：餐厅的设计要点有哪些？
3. 查一查：厨房的布局形式有哪几种？

任务5.1
玄关设计

知识拓展

玄关设计图集

玄关也可以称为斗室、过厅、门厅，指居住空间的入口区域，是居室内部和外部的连接区域。

5.1.1 玄关的功能

玄关有实用、过渡及审美3类功能。玄关的实用功能主要有用于换鞋、存储（放雨伞、挂外套、放鞋、放包）、整理妆容、迎客等。玄关的过渡功能用于遮挡视线、保护隐私。玄关的审美功能体现居住空间的装修风格与特色，以及业主的审美品位。

5.1.2 玄关的类型

玄关依据装修的形式可以分为硬玄关与软玄关；依据功能可以分为展示性玄关、实用性玄关、过渡性玄关等；依据设计样式可以分为低柜隔断式玄关、玻璃通透式玄关、格栅围屏式玄关、柜架式玄关等。

玄关的类型（依据设计样式）

样式	内容	图例
低柜隔断式玄关	这类玄关使用低矮的柜子等家具来限定空间。低柜既有储物功能，又能起到划分空间的作用	低柜隔断式玄关图集

续表

样式	内容	图例
玻璃通透式玄关	这类玄关采用大块玻璃来分隔空间，通常两边用立柱固定，中间镶嵌喷砂玻璃、压花玻璃等材料。半透明的玻璃既能起到分隔空间的作用，又能保持空间的整体感	玻璃通透式玄关图集
格栅围屏式玄关	这类玄关通常采用上下一体的镂空窗格作为隔断。不同装饰纹样的窗格既有古朴雅致的韵味，又能遮挡视线	格栅围屏式玄关图集
柜架式玄关	这类玄关的下部一般为柜子，上部为通透的装饰格架，或者左右两边对称设置展柜，中部采用通透材料，以达到既有装饰性，又比较实用的效果	柜架式玄关图集

▲ 格栅围屏式玄关

▲ 玻璃通透式玄关

▲ 柜架式玄关

5.1.3 玄关的设计要点

玄关是进入居住空间后看见的第一个区域，是给人留下第一印象的空间。玄关的设计需要从采光、通风等多个角度来考虑。玄关一般要明亮、整齐，并且与客厅的风格保持一致。玄关与室内空间之间最好有视线分隔，以增强室内的私密性，避免一览无余。

1. 玄关的布局

玄关的主要布局有走廊形、圆形、半弧形、"一"字形、"L"形等。

2. 玄关的配色

微课视频

玄关的设计要点

玄关一般采用稳重、温暖、明亮的配色，并且要与客厅的色调相统一。

3. 玄关的界面设计

玄关的界面设计较简洁，具有通透性，视觉上讲究"上虚下实"。界面通常用屏风、列柱、花窗格、彩绘玻璃、铁艺等隔断，产生半透明的视觉效果。吊顶可以是曲线、几何体等，造型宜简洁。

4. 玄关的材料

玄关的地面应选择易清洁、防水、耐磨、美观的材料，通常采用地砖、大理石、花岗岩、复合地板等装饰材料。这些材料可以是单色的，也可以做简单的拼花、围边处理。玄关的墙面通常采用与客厅的墙面一致的材料，主要有墙纸、墙纸布、乳胶漆、硅藻泥等。隔断材料主要有玻璃砖、镶嵌玻璃、彩绘玻璃、喷砂玻璃、夹板贴面、木材等。顶面的主要材料是纸面石膏板吊顶、木饰面板吊顶、乳胶漆等。

5. 采光与照明

玄关是主人进出和迎送宾客的场所，可用明亮的灯光营造亲切、温馨的视觉感受。灯具一般选用吸顶灯，配合少量筒灯、射灯或壁灯。鞋柜上方可以增加灯光，以便拿取鞋子。墙面上可以安装少量壁灯，主要起装饰作用。

6. 玄关的家具

玄关的常用家具有鞋柜、衣柜、镜子、凳子等。鞋柜不宜太高，因为鞋子带有气味，所以最好不要选择开放式的鞋柜。玄关的空间狭小，衣柜及储物柜不宜太厚重，尽量不占用太多空间。

7. 玄关的陈设

玄关的陈设主要有工艺品、挂画、植物等。

 ▲ 玄关的陈设

8. 玄关设计常用尺寸

玄关家具尺寸：鞋柜高度宜为1 000mm，深度为350mm；屏风大多为4片，每片宽

400mm，高1 800mm左右。

玄关空间尺寸：居住空间的入口处大门宽度为900～1 000mm，子母门宽1 200mm，子门宽300mm，母门宽900mm；门的高度一般在2 000mm以上。玄关空间不宜太狭窄，宽度不宜小于1 200mm。

课前实训任务：

1. 思考玄关的主要功能，在玄关设计时应考虑哪些问题？请罗列出玄关设计的要点。

2. 抄绘练习：阅读分析10个玄关设计案例，按照"施工图制图规范"用AutoCAD绘制设计图，作为后续设计的参考资料。

3. 在抄绘的玄关设计图中选择4个，运用置换法等设计手法改良原来的玄关设计方案。

4. 玄关设计实训，绘制1个玄关设计平面图及详细的立面图。玄关的材质、样式、色彩、风格不限，图纸尺寸A3，比例1:50，表现手法为手绘或计算机制图。

任务5.2 客厅设计

客厅又称"起居室"，是居住空间中面积最大的区域，通常位于居住空间的核心区域。它既是接待宾客的社交活动空间，也是家庭成员活动的公共区域。客厅是使用人数较多、使用最频繁的空间，通常会经过精心设计，以达到最能体现业主审美品位的效果。客厅与阳台相连，一般有充足的采光和较好的景观。

5.2.1 客厅的功能

客厅的主要功能是家庭聚谈、会客、视听、娱乐；客厅的其他功能是阅读、休闲、就餐。

1. 聚谈区

供家庭团聚交流是客厅的核心功能。聚谈区一般位于客厅的中间位置，由沙发或座椅围合形成一个适宜交流的场所。家庭成员聚集在聚谈区聊天、品茶等。

2. 会客区

客厅是对外交流的场所，是会客的主要区域。一般客厅的会客区和聚谈区合二为一。户型较大的空间可以分开，单独形成亲切会客的小场所。会客区在布局上考虑会客的距离和主客位置上的要求，设计上尽量营造和谐温馨的气氛。会客区可以搭配一些装饰灯具、植物及艺术品等陈设来调节气氛。

3. 视听区

观看电视节目与欣赏音乐是人们生活中常见的娱乐项目。视听活动涉及音响、电视机等设备的摆放，设计时还需要考虑电视机的高度与沙发高度的匹配。电视机与观看者之间要保持合理的距离，其摆放位置要避免逆光或反光。音箱的摆放位置是决定最终声音质量的关键，所以在设计时要考虑声音上的动态和立体效果。

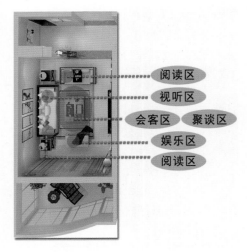

▲ 客厅功能分区图

4. 娱乐区

人们在客厅的主要娱乐活动有打牌、唱歌、下棋、弹琴、打游戏等。根据家庭成员的爱好，在客厅分区域设置娱乐区。根据不同娱乐项目提供合适的设施和家具来满足娱乐需求。

5. 阅读区

浏览报纸和杂志、阅读小说或玩手机都是现代人在休闲时间的一些主要活动，在客厅中提供一个相对舒适且安静的阅读空间非常有必要。阅读时需要明亮的光线，白天可以靠近阳台或窗户，晚上则需要设置台灯或落地灯提供照明。

▲ 客厅会客区设计

▲ 客厅阅读区设计

5.2.2　客厅的设计要求

设计客厅时要满足个性鲜明、分区合理、重点突出、交通组织合理、通风与采光良好等要求，遵循实用、美观、舒适的设计原则。

1. 个性鲜明

客厅的装修风格往往是整个居住空间设计风格的主脉，个性鲜明的客厅装修风格往往能够折射出业主的审美及品位，体现业主的精神需求及喜好。

2. 分区合理

客厅要根据需要合理布置会客区、聚谈区、娱乐区、视听区、阅读区等功能区域，同时使用隔断、家具来组织、调整各个功能区域。

3. 重点突出

客厅的各界面设计要重点突出。电视背景墙一般指放置电视的墙面，它是客厅最重要的墙面设计。电视背景墙的造型设计可以相对复杂一些，以突出整个客厅的装饰风格。沙发背后的墙面可以简单装修，用挂画等陈设来装饰。聚谈区的顶部设计也是重点，其造型可以相对复杂一些。

4. 交通组织合理

客厅是居住空间的交通枢纽，是连接玄关、走道、阳台以及各房间的关键区域。在平面布局时要适当调整室内房门的位置，为了保护主人隐私及客厅空间的完整性，应避免过多的房间向客厅开门，也不要有过多的斜穿流线穿过客厅。

5. 通风与采光良好

客厅是室内自然通风系统的中枢，客厅的隔断、屏风设置应尽量不影响空气的流通。此外，客厅还要设置空调，以达到良好的通风效果。

5.2.3　客厅的设计要点

客厅的设计要点主要包括装修风格的选定、重点界面的设计以及家具与陈设的选择等内容。

微课视频
客厅的设计要点

1. 客厅风格

客厅的装修风格是居住空间设计风格的主脉，目前流行的风格有现代简约风格、北欧风格、新中式风格、轻奢风格、田园风格及简欧风格等。客厅风格能体现业主的修养、情趣以及兴趣爱好等。具体内容见3.2节。

▲ 环保自然风格的客厅　徐思雨（学生习作）　　▲ 复古风格的客厅　王璐瑶（学生习作）

2. 客厅界面设计

客厅地面的色彩、材料和图案能直接影响室内设计效果，也是最先引起人们注意的部分。客厅的地面可以通过不同材料的铺装来划分区域。顶部造型是对原有顶部楼面进行修饰，以遮挡原建筑的毛坯楼面并掩盖各种管道、线路、空调等设施。客厅顶面的处理对空间的影响比地面更加显著。在设计客厅的吊顶造型时不仅要保证空间高度，而且要保证线路和各种设备的正常使用。吊顶造型不仅要简洁美观，还应通过造型变化区分客厅的会客区与餐厅的就餐区。

电视背景墙是客厅的"点睛之笔"，在客厅设计中占据重要的地位。电视背景墙一般根据设计风格来选择合适的造型与色彩。客厅其他区域的墙面造型不宜复杂，色调搭配要和谐。

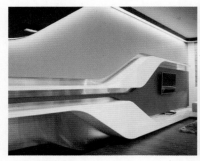

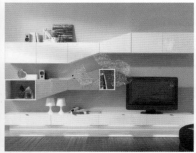

知识拓展

客厅电视背景墙
设计图集

▲ 电视背景墙

3. 客厅色彩

客厅的色彩设计首先要确定一个主色调，局部区域可以用一些辅色调，起到活跃气氛的作用。客厅的主色调一般选择明亮、素雅的颜色，使人感觉客厅很宽敞。客厅的朝向不同，具体的选择会有所区别。一般朝南的客厅阳光充足，可以采用高明度的冷色调；朝北的客厅阳光较少，适合采用高明度偏暖的色调。

▲ 南面客厅偏冷色调配色

▲ 北面客厅偏暖色调配色 汪滢（学生习作）

客厅墙面与顶面可采用明亮的浅黄色、浅米色等颜色，在视觉上给人宁静、平和的感觉，尽量避免使用大面积艳丽的颜色。空间较小的客厅地面色彩适合用浅色，浅色地面不仅能使客厅看起来比实际情况要大，还能提高客厅的亮度；而大面积的深色地面会使客厅显得比较昏暗、狭小。

知识拓展

客厅色彩搭配图集

▲ 浅色地面的客厅 汪莹（学生习作）

▲ 深色地面的客厅 周安琪（学生习作）

4. 客厅材料

客厅地面一般采用坚固、耐磨的材料，如地板、同质砖、大理石等。面积在30m²以下的客厅宜用600mm×600mm的地砖，面积在30m²以上的客厅宜用800mm×800mm的地砖。如果觉得地板、大理石、瓷砖太过冰冷，可在聚谈区局部铺设地毯，增加温馨舒适的感觉。客厅墙面一般选用乳胶漆、墙纸、墙布、油漆、木板、硅藻泥等材料。吊顶通常采用石膏板木龙骨吊顶、夹板造型吊顶等，并在表面刷乳胶漆。

5. 客厅采光与照明

客厅是使用率较高、功能丰富的空间，单一的基本照明不能满足客厅的照明需要。因此，客厅会配置多层次照明，通常是背景照明、重点照明和装饰照明等几种照明方式的综合使用。背景照明主要使用吊灯、吸顶灯、灯槽、灯棚等；重点照明使用射灯、筒灯；装饰照明使用壁灯、台灯或落地灯，这些灯具应结合需要组合使用。人多的时候客厅可以综合运用基础照明、重点照明、装饰照明等多种照明方式，以达到最佳的灯光效果。另外，客厅的灯具造型需要与装修风格保持一致。

▲ 新中式风格客厅的灯具造型　王炎（学生习作）

客厅会客区需要用明亮的灯光来营造温馨团圆的氛围，一般采用大型吊灯并配合光带。射灯、筒灯用于电视背景墙及挂画的重点照明。壁灯、台灯或落地灯在阅读或听音乐时作为辅助照明。

▲ 阅读区吊灯照明　　　　　　　▲ 阅读区落地灯照明

6. 客厅家具

客厅的主要家具有沙发、茶几、电视柜、陈列橱、角柜等。客厅家具具有储物和展示的功能。客厅家具的陈列要根据人的活动路径和家具的功能性质来设计，以免影响客厅动线的流畅性。客厅沙发的布局形式有 "L" 式布局、"U" 式布局、对角式布局、对面式布局、"一" 字式布局、圆弧式布局以及四周围合式布局等。

沙发布局形式	布局内容	图例
"L"式布局	"L"式布局适合小面积客厅，视听柜一般放置在沙发转角处或沙发对面的墙上。沙发平面呈"L"形。 这种布局可以充分利用室内空间，但坐在沙发转角处的人会感觉不舒服，也缺乏亲切感，所以沙发转角处利用率较差	 ▲ "L"式布局
"U"式布局	"U"式布局是较为理想的一种客厅沙发布局。它既能满足多种功能需求，又能营造出温馨的交谈气氛。这种布局占地面积较大，比较适合面积较大的客厅。采用"U"式布局时适合选择浅色沙发，可以使客厅显得宽敞些	 ▲ "U"式布局
对角式布局	对角式布局是两组沙发呈对角式设计，为一横一竖不对称布局。这种布局显得轻松活泼，使用起来比较方便	 ▲ 对角式布局
对面式布局	对面式布局适合交谈，使谈话氛围比较放松、自然；但是不太适合看电视，因为视听柜的位置一般都在侧面，人需要侧着头看电视	 ▲ 对面式布局
"一"字式布局	"一"字式布局适合客厅面积较小、开间较窄的户型。沙发可以沿一面墙摆放，呈"一"字形，电视柜放置在沙发对面的墙上，该布局适合观看电视	 ▲ "一"字式布局

续表

沙发布局形式	布局内容	图例
圆弧式布局	圆弧式布局适合有年迈体弱老人的家庭。安乐椅与长沙发相对，这种布局方式适合交谈，可以比较灵活地调节角度，也适合观看电视	 ▲ 圆弧式布局
四周围合式布局	四周围合式布局适合家人围坐在一起交流、下棋、打牌，家人可以各据一方	 ▲ 四周围合式布局

以上这些布局形式不是一成不变的，可以根据需要做适当的调整和改变。

7. 客厅设计常用尺寸

客厅设计具体尺寸要求见客厅设计常用尺寸表。

客厅设计常用尺寸

项目	尺寸要求
家具尺寸	单人沙发尺寸为900mm×900mm左右；双人沙发尺寸为1 260mm×1 500mm左右，深度为800～900mm，高度为350～420mm，靠背高为680～880mm；三人沙发尺寸为2 100mm×2 300mm左右，沙发深度为850～900mm，高度为350～420mm，靠背高680～880mm；转角沙发尺寸一般为2 040mm×880mm×780mm或1 800mm×960mm×780mm或3 000mm×1 800mm×780mm；茶几尺寸一般为600mm×1 200mm，根据房间面积，茶几的大小可以按此比例缩放，并且高度为380～500mm（380mm最佳）
界面尺寸	踢脚板高度为80～200mm；墙裙高度为800～1 500mm，与窗户平齐，挂镜线高度为1 600～1 800mm（挂画的中心距地面的高度）
灯具尺寸	灯具的尺寸要根据户型选择，注意吊灯底部离地面的最小高度要达到2 400mm；壁灯底部离地面的高度为1 500～1 800mm
吊顶尺寸	如果石膏板平顶上要装筒灯，那么平顶离楼板距离150mm；有灯带的叠级吊顶厚度为100mm以上；普通吊顶不放筒灯的厚度为60mm，放筒灯的厚度为80～100mm；有灯带的异形吊顶厚度为100mm以上

续表

项目	尺寸要求
空间尺寸	若沙发与茶几之间不可通行则距离为400~450mm，若可以通行则距离为760~910mm；客厅走道仅允许单人通过时，宽度为550~600mm，允许双人通过时宽度为1100~1200mm
沙发与电视机尺寸	沙发与电视机之间的观看距离是电视机的对角线长度乘以3，比如55英寸的电视机的观看距离是4~4.5m，65英寸以上的电视机的观看距离在4.7m以上

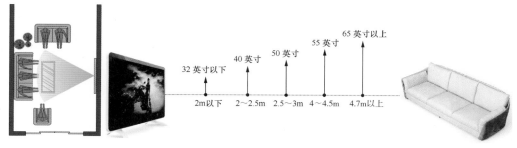

▲ 客厅电视机尺寸与观看距离参考

任务实践

　　1. 思考客厅的主要功能、分区设计与主人在客厅的主要活动，罗列出客厅设计的要点。

　　2. 收集10个不同风格的客厅案例，分析其风格、色彩、家具布置形式、功能区域等，查找中国传统文化元素，作为后续设计的参考资料。

　　3. 根据提供的客厅建筑平面图，进行客厅平面草图设计，尝试运用"L"式、"U"式、对角式及对面式等多种布局形式来布置客厅家具。

　　4. 用AutoCAD绘制4个客厅平面方案，注意符合客厅常用尺寸要求及"施工图制图规范"，图纸尺寸A3，比例1:50，掌握客厅的功能和布局，强化制图能力。

知识拓展

客厅建筑平面图

任务5.3
卧室设计

　　卧室是最具私密性的睡眠、休息的空间，人一天中有三分之一的时间是在卧室中度过的。卧室的设计具有个性化特征，应依据个人喜好来设计。

5.3.1 卧室的功能

卧室的主要功能是睡眠、休闲、阅读、学习、储藏、梳妆等。在设计卧室时可根据使用者的具体要求，选择合适的空间区位，配以家具与必要的设备。

5.3.2 卧室的类型

卧室分为主卧、次卧（儿女卧室、老人卧室、客人卧室等）。

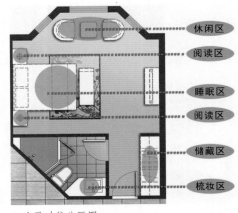

▲ 主卧功能分区图

老人卧室要简洁温馨，家具、材料的选择要考虑安全性。儿女卧室在设计上应充分考虑到使用者的年龄、性别与性格等因素。

卧室分类		设计要点
主卧		主卧的功能有：睡眠、休闲、梳妆、阅读、更衣、储藏、盥洗等。主卧在设计上应注重主人的个性与品位的表现，需要有私密性，且具有宁静、安逸的氛围
儿女卧室	婴幼儿期卧室（0~6岁）	0~3岁的婴幼儿对空间的要求很小，可以单独设育婴室，也可以在主卧室设育婴区域。婴幼儿体质较弱，因此他们的卧室对卫生及安全性的要求很高，室内除了有婴儿床、器皿橱柜、安全椅、简单玩具外，还需围合一个安全的游戏区； 3~6岁幼儿的卧室要满足阳光充足、空气清新、室温适宜等要求。家具有书桌、椅、衣柜、床、床头柜等。家具尺寸与幼儿的身体尺寸配套，室内配色采用对比强烈、鲜艳的颜色，选择具有幻想性、创造性的图案，充分激发孩子的好奇心与想象力
	童年期卧室（7~13岁）	童年期卧室要满足休息、学习、游戏以及交际等功能需求。在设计时要考虑孩子的性别与兴趣特点，家具有床、衣柜、书桌、椅子、手工制作台等。房间装饰、色彩宜简化，以免孩子学习时分心
	青少年期卧室（14~17岁）	青少年时期的孩子对自己卧室的设计与安排有自己的意见，卧室的主要功能是供孩子休息、学习、会客。可设计一处休闲空间。卧室要有性别及个性上的区别。主要家具有书桌、书架、床、床头柜、衣柜
老人卧室		老人卧室应安全且隔音效果好，以便最大限度地满足老人的睡眠及储物需求。地面材料应防滑，平整度要好，入口留有无障碍通道。家具造型的边角要圆润，集中摆放，尽量减少磕碰的可能性。床头增加声控夜灯，方便老人起夜。老人卧室装饰简单，以实用、怀旧为主，配色以柔和淡雅的同色系为宜
客人卧室		客人卧室一般简洁大方，具备基本的生活条件。家具有床、床头柜、写字台、椅子、衣柜等，布局灵活，可以移动。客人卧室色调柔和，界面造型简洁

▲ 儿童房卧室设计 顾玲嫚（学生习作）　　▲ 老人卧室设计 刘亚荣（学生习作）

5.3.3 卧室的设计要点

微课视频

卧室设计与书房
设计要点

卧室是私密空间，一般具有隐秘、安静、舒适、便利、隔音等特点，需要根据家庭成员的个性来精心设计，营造温馨的环境氛围及优美的格调。

1. 卧室风格

卧室风格要与居住空间的整体风格尽量一致，体现优雅独特、简洁明快的特点。在审美上，卧室风格应时尚而不浮躁，庄重典雅而不乏轻松浪漫。

2. 卧室界面

知识拓展

卧室背景墙图集

较小的卧室空间在设计时，界面造型宜简单，不宜过于复杂。卧室的界面要具有良好的封闭性、私密性、隔音性。床头背景墙是卧室设计中的重点，其造型可以有所变化，但色彩要和谐统一。

3. 卧室材料

卧室墙面一般采用墙纸、壁布、乳胶漆等材料，地面采用木地板、地毯等材料，儿童房地面除了用木地板，还可以用软木地板、复合地板等。这些材料安全、易于清理，能确保房间的清洁卫生。顶面用乳胶漆，窗帘材料可以选择材质、触感较柔软的布料，但要能遮光。儿童房可依据孩子的年龄、性别和喜好挑选不同色系与图案的窗帘。

4. 卧室色彩

卧室的主色调宜为暖色调，色彩搭配应以淡雅、温馨为原则。儿童房的颜色宜新奇、鲜艳一些。年轻人的卧室色彩宜新颖别致。如果房间光线偏暗或朝北，最好选用浅色、暖色调。面积较小的卧室应选色调偏暖、带小花图案的窗帘和床罩。

5. 卧室家具

卧室的主要家具有床、床头柜、衣柜、沙发、贵妃椅、梳妆台、电视柜等，有些卧室还有书桌、椅子、书柜等家具。在家具的选择上要考虑使用功能、形状、面积、布局及朝向等因素。卧室面积不大时，应减少家具的数量，家具尺寸也不宜过大，以增加活动空间。

▲ 常见的卧室平面布局

6. 卧室采光与照明

　　卧室应尽量设置在朝南且采光较好的房间。卧室照明主要用于营造浪漫、宁静、温馨、柔和、舒适的氛围。卧室不宜采用直接照明，一般采用间接照明或半间接照明比较好。卧室可以设置多种不同用途的灯，整体照明可采用造型别致和带乳白色半透明灯罩的吊灯或吸顶灯。用于床头照明的灯具既要满足床上阅读的需要，还有考虑就寝照明的需要，所以宜采用可调节灯光强度的台灯、壁灯或吊灯。梳妆台的镜子两侧需安装壁灯。光源颜色不宜过多。

▲ 卧室台灯设计　　　　▲ 卧室壁灯设计　　　　▲ 卧室吊灯设计　　　　▲ 梳妆台壁灯设计

7. 卧室设计常用尺寸

　　（1）家具尺寸如下。

　　❶ 国内单人床尺寸：单人床床垫的基本规格为1 070mm×1 900mm，双人床床垫的基

本规格是1520mm×1900mm或1820mm×2120mm。进口床垫多为King Size或Queen Size，尺寸分别为1940mm×2030mm和1520mm×2030mm。床架尺寸依据卧室面积选择，较宽敞的卧室可选择大尺寸床架。

❷ 单人床的宽度可能为910mm、990mm，双人床的宽度可能为1200mm、1370mm、1500mm、1820mm，单人床与双人床的长度可能为1880mm、1980mm、2100mm。床高度为400~450mm，床背高度为850~950mm。

❸ 圆床直径一般为1860mm、2125mm、2424mm（常用）。

❹ 床头柜高度为500~700mm，宽度为500~800mm，深度为400~450mm。

❺ 梳妆台深度为400~600mm，宽度为800~1000mm，梳妆台椅背与桌沿为300~400mm。

❻ 衣柜宽度为800~1200mm，高度为1600~2000mm，深度为500~650mm，可根据现场具体情况调整尺寸。衣橱挂衣服区的高度为1520~1770mm，男用衣橱上层高度为1820~1930mm（大多数男性身高在1630~1850mm），女用衣橱上层高度为1750~1820mm（大多数女性的身高在1510~1700mm）。衣柜推拉门的宽度为750~1500mm，高度为1900~2400mm。

（2）空间尺寸：两张床之间距离910mm（这样才有空间蹲下来拿床底的东西）；单张床两侧留600~700mm的宽度；床铺面至顶的最小尺寸为1000~1100mm（坐起来高880~940mm）；衣柜前活动空间宽860~910mm，更衣室门宽760mm；卧室门与书房门宽度相同，为800~900mm；门的高度一般为2000mm。

知识拓展

卧室设计图集

（3）灯具尺寸：床头壁灯的高度为1200~1400mm。

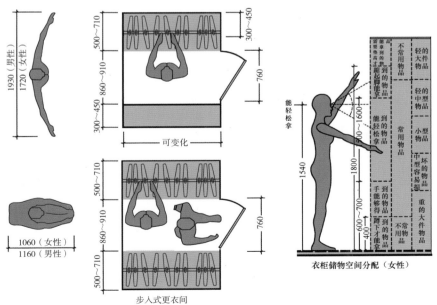

衣柜储物空间分配（女性）

▲ 衣柜常用的人体工程学尺寸

任务实践

1. 思考主卧、客人卧室、儿女卧室的功能需求，以及不同年龄使用者的需求，尤其是不同年龄段儿女卧室的设计要求。

2. 收集10个别墅主卧平面图，分析其功能分区及平面布局。优化其中5个设计方案，对方案进行合理调整。

3. 根据提供的卧室建筑平面图，进行一套6~12岁的儿女卧室方案设计，设计风格、材质、色彩不限。图纸包括1~2张效果图（平面图、立面图）。图纸尺寸A3，平面图比例1∶50，立面图比例1∶20，掌握卧室的功能与布局，强化计算机效果图制图能力。

知识拓展

卧室建筑平面图

任务5.4
书房设计

书房又称"家庭工作室"，也称"书斋"，属于私人空间，可以体现居住者习惯、爱好、品位和专长。

5.4.1 书房的功能

书房的主要功能是工作、藏书、学习、休息等。面积较小的书房功能相对简单，主要以阅读、学习及工作为主。面积较大的书房除了以上功能，还要兼具会客、洽谈、休息、下棋、绘画、收藏等其他功能。

5.4.2 书房的设计要点

1. 书房类型

书房大致可以分为封闭型、开放型、兼顾型3种类型。兼顾型书房一般是在卧室内分出的一个相对独立的学习区域，可以用书柜等家具区分学习区与睡眠区。

2. 书房风格

书房风格既可以与室内整体风格保持一致，也可以根据个人喜好来设计，并且在界面设计与软装上要透出书香气息。

中国传统风格书房图集

▲ 中式书房陈设

▲ 书房中的茶桌陈设

3. 书房材料

书房墙面一般采用墙纸、墙布或乳胶漆等材料，地面一般用木地板。墙面、顶面尽量选择隔音、吸音效果好的材料。书房注重静音与光线的调节，若小区较安静，可选择百叶帘作为窗帘；若处于吵闹地区，可选择较厚的遮光布或提花布、丝绒布等作为窗帘，起到阻隔窗外噪声的作用。

4. 书房色彩

书房一般使用冷色调，因为冷色调有助于人的心境保持平稳、气血通畅。明亮的无彩色或灰棕色等中性颜色，以及淡绿色、浅棕色、米白色等柔和色调都很适合用在书房。书房不宜使用过于鲜艳或暗淡的色彩。

5. 书房界面

书房作为学习、工作的场所，界面造型宜简洁大方，人口较多的家庭尽量不采用开放式书房。如采用开放式书房，通常采用活动拉门，使书房可以弹性开放或封闭。活动拉门开放时，形成开阔的大空间；关闭时，具有封闭空间的效果。

书房色彩搭配图集

6. 书房家具

书房家具主要有书柜、书桌（或电脑桌）、座椅3类。书房的陈设要雅致，以体现文化气息。

7. 书房采光与照明

书房作为读书、学习、思考的场所，照明和采光的要求是均匀、稳定、明亮。因为明亮的灯光使人轻松愉快、精神饱满。书房照明注意以下几点：

❶ 书桌的摆放最好贴近采光好的窗户，不要背光。

▲ 书房家具

❷ 书房通常采用吸顶灯作为普通照明，书桌上放置亮度较高又不刺眼的工作台灯作为重点照明。工作台灯最好选择可以调节高度与方向的，选择不易引起视觉疲劳的白色柔和的光线。

❸ 在天花板的四周安置隐藏式光源，利用间接照明烘托出书房沉静的氛围。

❹ 书房沙发的背景以及书架上方设置轨道灯、筒灯等灯具，帮助查找书籍。

❺ 书房的光源不宜用过于花哨的五彩颜色。

8. 书房设计常用尺寸

（1）家具尺寸如下。

❶ 固定式书桌深度为450～700mm（600mm最

▲ 书房灯光设计图例

佳），高度为750mm；活动式书桌深度为450～600mm，宽度为1 100～1 500mm，高度为700～750mm；书桌下缘离地至少580mm，书桌宽度最小为900mm；电脑桌高度为720～760mm（不能高于800mm），深度为500～600mm；椅子宽度为450～550mm，高度为400～500mm；儿童用的书桌和椅子需根据不同年龄段设计。

❷ 书柜总高度一般为1 200～2 100mm，也可以做到吊顶。书柜深度为250～400mm，长度为600～1 200mm。

（2）空间尺寸：书桌前的椅子放置区留出760～910mm空间，椅后背离柜子或墙面的距离为450～500mm。

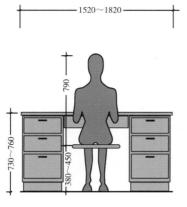

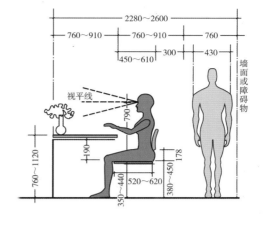

▲ 书房常用的人体工程学尺寸

1. 思考书房的功能需求和主人在书房的主要活动，罗列出书房设计的要点。

2. 收集10个不同风格的书房案例，分析其风格、色彩、家具布置形式等，作为后续设计的参考资料。

3. 用AutoCAD绘制两个书房中的书柜方案，注意符合尺寸要求及"施工图制图规范"，图纸尺寸A3，比例1∶30。

4. 调研分析新中式书房的中式元素的提取与应用，结合案例编写调研报告，图文并茂，600字左右。

任务5.5
餐厅设计

餐厅是主人日常进餐、宴请亲友的活动场所。餐厅一般与客厅相连，所以餐厅的设计风格要与客厅保持一致。餐厅的大小根据使用人数来确定，对于小户型，可以将餐厅设在厨房、玄关或客厅内，但需要划分出专门的就餐区域。餐厅与厨房最好相邻，方便上菜及回收碗筷等。

5.5.1 餐厅的功能

餐厅的主要功能有家庭聚餐、宴请宾客、日常用餐等。

5.5.2 餐厅的设计要点

微课视频

餐厅的设计要点

餐厅的功能较为单一，因而餐厅设计须从界面、材料、灯光、色彩以及家具的配置等方面来营造适宜进餐的气氛。一般对于餐厅设计的要求是便捷、安静、卫生、温馨。

1. 餐厅类型

餐厅按照布局形式，可以分为独立式餐厅、厨房内的餐厅、客厅中的餐厅3类。

类型	类型概述	图例
独立式餐厅	常见于较为宽敞的大户型或别墅。这种餐厅的空间相对独立，流线设计比较方便，舒适度比较好，就餐氛围也比较理想	▲ 独立式餐厅
厨房内的餐厅	一般放在厨房内的餐桌为早餐或较少的人员就餐时使用。厨房与餐厅在同一个空间中的优点是上菜比较快速、方便，空间利用率较高，比较实用；缺点是干扰厨房的烹饪活动，就餐氛围略差。设计时要考虑让餐桌远离操作台，或者用屏风等家具分隔出两个区域。另外，餐桌上方要有明亮的灯具照明	▲ 厨房内的餐厅
客厅中的餐厅	餐厅与客厅相连，并紧邻厨房。优点是缩短上菜和就座进餐的时间，使客厅更加开阔。这种餐厅的设计风格要与客厅统一，要注意餐桌椅的摆放不能妨碍客厅或门厅的交通流线	▲ 客厅中的餐厅

2. 餐厅色彩

餐厅墙面、地面的色彩宜简洁、明快，以明朗轻快的色调为主，适合用暖色调。暖色调不仅能给人以温馨感，而且能增强进餐者的食欲。顶面通常用白色、米色系颜色。白色、粉色等淡色系窗帘适用于晚宴，使整个环境显得明亮、温馨。

3. 餐厅界面

餐厅侧界面的装饰以实用、美观为主，不宜堆砌太多装饰品。吊顶造型也比较简单，主要采用有特色的灯具来装饰。餐厅顶面的高度可适当降低，给人以亲切感。餐厅地面一般用简单的材料做分色或拼花设计，但图案、花纹不宜过于复杂。

知识拓展

餐厅设计图集

▲ 各类餐厅设计

4. 餐厅材料

餐厅地面材料以木地板、瓷砖或大理石等表面光洁、容易清理的材料为主，不适合用地毯等不容易清洁的装饰材料。餐厅面积一般在30m²以下，因而地面瓷砖的尺寸一般为600mm×600mm。顶面一般用石膏板、乳胶漆、木材、少量金属等装饰材料。墙面采用乳胶漆、墙纸、墙布或硅藻泥等材料。如果是客厅内的餐厅，其墙面材料要与客厅的墙面材料保持统一。

5. 餐厅家具

餐厅内的家具主要有餐桌椅、餐边柜、酒柜、吧台等。家具款式、色彩还需根据室内风格来选择，家具色彩以天然木色、咖啡色等"稳重"的颜色为佳，尽量避免使用过于艳丽的色彩。餐桌形状有长方形、方形与圆形，一般家庭选择长方形的4人、6人餐桌。餐桌靠墙摆放比较节约空间。圆形餐桌占用空间较大，适合独立式餐厅使用。餐厅家具的尺寸需与空间比例相协调。餐边柜、酒柜的造型、材料、色彩与餐桌、餐椅配套。

6. 采光与照明

餐厅适合柔和的灯光，要给人干净整洁的感觉，营造优雅的格调。餐厅照明一般采用悬挂式吊灯，可以用光带、射灯来烘托气氛。光线宜采用暖色调，营造其乐融融的温馨氛围。主要灯光应集中在餐桌中心，具有凝聚视线和调节用餐氛围的作用，还可以增强食欲。

7. 餐厅陈设

餐厅作为公共空间，陈设也是设计重点，不可杂乱地随意堆砌餐厅陈设。餐厅中的桌布、餐巾及窗帘等软装要依据风格特征选取，切忌过于花哨与凌乱，否则会使人感到烦躁从而影响食欲。

▲ 餐厅陈设

8. 吧台设计

现代家庭中常常在餐厅附近设有吧台，以满足休闲餐饮的需求。吧台一般设计在客厅或餐厅的某个角落。位置的选择要考虑不影响动线，还需结合电路及给排水设计问题。布局主要有"一"字形或"L"形。柜内上方需要有照明和装饰用的灯具。制作吧台的材料主要有实木、玻璃砖、石材等，台面最好使用耐磨的大型石材、人造石、美耐板等材料。

▲ 厨房吧台设计   ▲ 独立吧台设计

9. 餐厅设计常用尺寸

家具尺寸：餐桌的最小规格为850mm×1 500mm；圆形餐桌的直径有2人桌500mm、2

人桌800mm、4人桌900mm、5人桌1 100mm、6人桌1 100～1 250mm、8人桌1 300mm；方形餐桌的尺寸有2人桌700mm×850mm、4人桌1 350mm×850mm、8人桌2 250mm×850mm；餐桌高730～790mm，方形或长方形的尺寸弹性则比较大；餐椅宽度为420～460mm，高度为450mm左右。

空间尺寸：最小进餐尺寸为610mm，最佳进餐尺寸为760mm；桌下至椅面的距离为190mm，就座区的尺寸为450～610mm，坐下来的深度为450～610mm，餐桌离墙最短距离为450mm，餐厅主通道的宽度大约留1 200～1 300mm。

吧台尺寸：吧台操作空间至少需要900mm，单层吧台高度约为1 100mm，双层吧台高度为800mm与1 050mm，两层之间至少要有250mm的距离；吧台内部工作的道宽600～900mm，酒吧凳高600～750mm，台面宽400～600mm；吧台的长度最小应为1 200mm，因为水槽长600mm，操作台面宽600mm；吧台的酒柜每一层的高度至少为300～400mm。

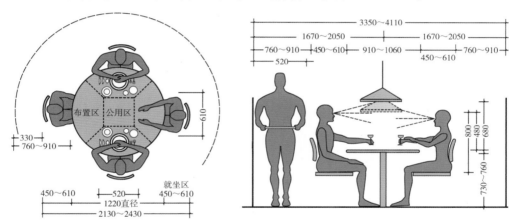

▲ 餐厅的人体工程学尺寸

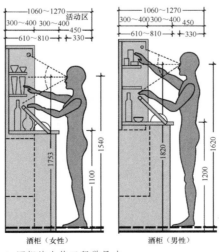

▲ 酒柜的人体工程学尺寸

任务实践

1. 思考餐厅装修注意事项，了解餐厅、厨房装修技巧。

2. 厨房、餐厅一体化设计，是当前流行的厨房设计方式，这种设计既节省空间，又具有创意性，很受年轻人喜欢。了解厨房、餐厅一体化设计要求，思考如何实现既干净整洁又实用便捷。收集10个厨房、餐厅一体化设计优秀案例。

3. 厨房、餐厅一体化设计实训。选取一个别墅户型，对其厨房与餐厅做一体化设计。设计要求为现代简约风格，图纸包括1～2张效果图、平面图和立面图。平面图比例1:50，立面图比例1:20。

知识拓展

厨房、餐厅一体化
设计平面图

任务5.6
厨房设计

　　厨房是指专用于备餐、烹饪的房间，是居住空间中设施较多、使用频率较高的空间。厨房的主要设备有灶具、抽油烟机、热水器、冰箱、小厨宝等，这些设施的位置安排需考虑具体作业流程，依据使用者的习惯来安排工作流线。

5.6.1 厨房的功能

　　厨房的主要功能有备餐、洗涤、烹饪、存储等。

5.6.2 厨房的设计要点

　　厨房的设计需遵循实用、美观、安全、易清理等原则。理想的厨房必须同时兼顾流程便捷、功能合理、空间紧凑、尺度科学、设备齐全、操作简便、收藏方便等特点。厨房设计既要体现使用方便，又要考虑通风设施的效能等。厨房的设计要点主要包括以下内容。

微课视频

厨房的设计要点

1. 厨房类型

厨房分为开放式厨房与封闭式厨房。

▲ 封闭式厨房设计　　　　　▲ 开放式厨房设计

2. 厨房流线

厨房的操作流程是：存放—洗涤—切削—烹调—备餐，厨房电冰箱、水槽、炉灶之间最快捷的工作流线是三角形的，也称为"三角形工作空间"。该三角形的边长之和越小越好，一般将三角形的边长之和控制在 3 500 ~ 6 000mm。边长之和越大，人们在厨房工作时的劳动强度和时间耗费就越大。厨房的操作流程设计要顺畅，尽量少交叉。操作台净长不小于 2 100mm，必须充分考虑设备的安装、维修及使用安全。

3. 厨房分区

厨房有3个工作中心，即储藏与调配中心（电冰箱）、清洗与准备中心（水槽）、烹调中心（炉灶），因此厨房可以分为储藏区、清洗区、备餐区、烹饪区、就餐区（只有大面积厨房会有）等。厨房分区可以帮助使用者节约体力，合理利用空间。

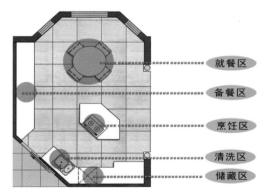

▲ 厨房分区平面图

4. 厨房平面布局

厨房平面布局以日常操作程序为设计的基础，根据"三角形工作空间"原则，可以设计成"一"字形、"U"形、"L"形、走廊式、半岛式及岛式等布局。

厨房平面布局类型	类型概述	图例
"一"字形	"一"字形布局适合狭长的小厨房，把所有的工作区都安排在一面墙上，这种布局能够节省空间。但操作台面比较小，可以配合设计一处可拉伸或可折叠的面板，增加操作台的使用面积。这种厨房比较实用，工作效率高	 ▲"一"字形厨房
"U"形	"U"形布局有两处转角，适合空间较大的厨房。水槽最好放在"U"形底部靠窗的位置，配膳区和烹饪区分别设置在两旁,使水槽、冰箱和炊具连成一个正三角形。这种布局的基本操作流线顺畅，工作三角完全分开，是一种十分有效的布局	 ▲"U"形厨房
"L"形	"L"形布局是指沿着相邻的两个墙面依次配置清洗、配膳与烹调三大区。"L"形厨房的一侧不宜过长，以免工作效率低下	 ▲"L"形厨房
走廊式	走廊式布局适合狭长的厨房，是指沿相对的两面墙布置操作台。清洗区和配膳区在一边，烹调区在另一边。在走廊式厨房中要避免有过多的动线穿越工作三角，否则会感到不便	 ▲走廊式厨房

续表

厨房平面布局类型	类型概述	图例
半岛式	半岛式布局是开放式厨房的常见布局，烹调中心一般布置在"半岛"上，厨房与就餐区用"半岛"来连接。此布局与"U"形布局相似，但有1/3不靠墙	▲ 半岛式厨房
岛式	岛式布局适合结构方正且面积较大的厨房。岛式厨台设置在厨房中间，四周为通道。岛式厨台可以作为吃早餐、熨衣服、插花、调酒、做烘焙的操作台	▲ 岛式厨房

5. 厨房风格

厨房的装修风格主要体现在橱柜的样式上，一般有中式、美式田园、欧式、现代风格等。目前年轻人喜欢开放式厨房，这样餐厅与厨房有"交流"，厨房风格最好与餐厅的设计风格一致。厨房风格也可采用混搭风格，从色彩、材料、造型、配饰等方面强调厨房空间与其他空间的差异。

6. 厨房界面

厨房油烟较多，界面设计宜简洁、明快，不宜设计过多复杂的造型。厨房的墙面以方便清洁、耐脏、耐水、耐火、抗热、美观为佳。底界面要考虑防滑耐用、不易被污染、容易清理、有良好的隔音效果等功能。顶界面宜选用耐火、抗热、易于清洗的材料，设置时须考虑通风设备的位置及隔音效果。

7. 厨房材料

地面采用较为粗糙、耐脏、防滑、易清洁的防滑砖、仿古瓷砖、大理石等材料。地面瓷砖的尺寸为300mm×300mm。墙面采用釉面砖、大理石（同卫生间墙面材料），尺寸有200mm×300mm、250mm×330mm、300mm×450mm、300mm×600mm等。顶面一般采用集成吊顶、铝扣板、木板、塑料扣板（同卫生间顶面材料）。

8. 厨房色彩

厨房墙面、地面瓷砖的主色调一般采用同一系列的色彩，地面色彩比墙面略深。如果选择白色，不太耐脏，要及时清洁。厨房顶部颜色宜淡雅、清爽。

9. 灯光与照明

洁净明亮、光照充足的厨房可以使厨房使用者的心情开朗。一般洗涤盆放在光线明亮的窗户边上，而燃气灶最好远离窗户。厨房以基本照明为主，顶部安装防雾吸顶灯或集成吊顶的灯光模块。操作台上方安装局部照明，以提供充足光线。贮藏柜内可设置自控照明等。厨房灯具应具有防尘、防潮、防水的功能，造型简洁，易于清洁。

10. 厨房家具

厨房家具有橱柜、餐桌椅、酒柜、吧台等。家具应按照烹调操作顺序来布置，以方便操作，避免使用者过多走动。橱柜台面的高度要根据使用者的身高调整，业主身高较高的可以抬高台面。目前流行的橱柜门板主要有实木型、防火板型、三聚氢胺饰面板型、模压型、吸塑型、金属质感型、烤漆型、水晶板、包复框型、铝合金门框玻璃门等类型。

厨房橱柜的台面承担着洗涤、料理、烹饪、存储等重要任务。台面材料大致可分为天然石材、人造石材、不锈钢、防火板 4 类。

橱柜台面常用材料

材料名称	特点	价位	图例
天然石材	选择天然大理石或花岗岩作为橱柜台面优点是质地坚硬，防刮伤性能尤其突出。品质优良、触感光滑、带有美丽花纹、色彩丰富，但是价格昂贵	昂贵	▲ 天然大理石台面
人造石材	人造石材的主要特点是具有各种天然石材的花纹，色彩绚丽，表面无细孔，具有极强的防水、耐污、耐腐蚀、耐磨损、易清洁等性能。人造石材可以无缝连接，线条浑圆，易于加工，可设计制作成各类造型，但硬度稍差	适中	▲ 人造石台面

续表

材料名称	特点	价位	图例
不锈钢	不锈钢台面整体性较好，坚固耐用，较易清理，但触感给人较冷的感觉，色彩较单调，一般用于餐饮行业及食堂的操作台	适中	 ▲ 不锈钢台面
防火板	防火板的基材为刨花板或密度板，表面饰以特殊材料，色彩鲜艳多样，防火、防潮、耐污、耐酸碱、耐高温、易清洁。缺点是水池部位及接缝处遇水后容易起鼓及破损，影响美观及使用寿命	便宜	 ▲ 防火板台面

11. 厨房的防漏

　　厨房经常会发生漏水之类的问题，所以厨房除了要保持清洁外，还需做好防漏，厨房的龙头与接口需及时检查与防护。在厨房设计中，要对水、电、气等管道进行合理的隐藏、预埋、遮蔽、避让等，还需经常检查厨房的各项设施，保证其均能正常使用。厨房中的煤气管道不得做暗管，以方便检修，并且严禁私自移动煤气表。厨房中的烤箱、微波炉、洗碗机等电器设备应放在适当的位置，以节约空间。冰箱的位置不宜靠近灶台，否则会影响冰箱内的温度，也不宜太接近洗菜池，冰箱受潮后容易漏电。另外，厨房电器较多，需要在恰当的位置预留足够多的插座。

12. 餐厨一体化设计

　　餐厨一体设计指把餐厅空间与厨房合二为一，扩大视觉及使用空间，提高利用率，让家人间有更多的互动交流机会。

　　优点：

　　（1）空间利用率高

　　现在的城市中，中小户型偏多，厨房或者餐厅的面积偏小。餐厨一体设计提高空间的利用率。

　　（2）方便立体收纳

　　餐厨一体设计利用更多空间做嵌入式的电器柜。方便蒸烤箱、微波炉、洗碗机、净水器等家电设备的摆放，整柜加长台面，让美观与收纳并存。

　　（3）家人可以互动交流

　　让家人在宽敞的空间一起做饭、聊天等互动，让做饭成为一种乐趣与享受。

▲ 餐厨一体化设计示意图

（4）家具灵活可变

餐厨一体的就餐区台面还可以设计成可收缩台面，根据需要拉伸使用长度，节约室内空间。

缺点：不宜经常做油烟较大的油炸及炒菜，会影响室内环境及界面卫生。考虑到油烟问题，解决的方法是可以考虑大排量的烟机灶，或者使用集成环保灶——下排烟设计，排烟效果更佳；在吊顶中增加换气扇，及时排烟；或者可以考虑多轨推拉门或者暗藏推拉门的设计。

▲ 餐厨一体化设计　周欣慧（学生习作）

▲ 餐厨一体化设计案例

13. 厨房设计常用尺寸

家具尺寸：橱柜总高度为2 400mm；地柜高度为845～910mm，深度为600mm；挡水高度为50mm，台面前裙高度为60mm；吊柜柜身高度为750mm，深度为350～380mm。

空间尺寸：操作台台面至吊柜底部的距离最小为450mm；一般中式/深型抽油烟机离台面650～700mm，欧式/塔型抽油烟机离台面650～750mm，侧吸型抽油烟机离台面250～400mm；厨房内通道距离以1 200～1 500mm为宜；冰箱前工作区宽9 100mm；

一般操作台、烤箱、炉灶工作区距离1 010mm；厨房单扇门宽度为800mm左右，双扇门宽度为1 200～1 800mm；门洞宽度在2 100mm以上时，可做成3扇门或4扇门；门高度一般不得低于2 000mm，再高也不宜超过2400mm。

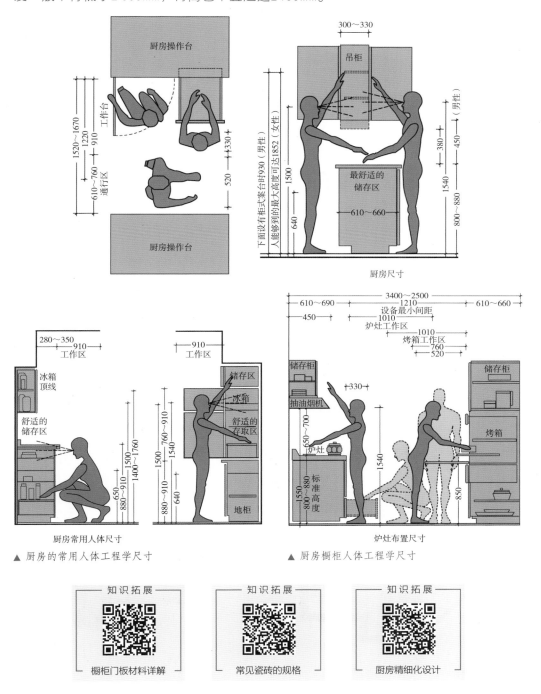

▲ 厨房的常用人体工程学尺寸   ▲ 厨房橱柜人体工程学尺寸

知识拓展   橱柜门板材料详解

知识拓展   常见瓷砖的规格

知识拓展   厨房精细化设计

任务实践 　运用前面所学的居住空间厨房设计知识，设计一个别墅的厨房。通过项目训练，掌握厨房空间的设计要求与尺寸。

　　厨房设计要求：房间净高为2.90m，风格特征明显，材料标注详细，橱柜尺寸合理，绘出厨房全套详细的平面图、立面图和剖面图，包括定制橱柜的图纸。

任务5.7
卫生间设计

　　卫生间是居住空间设计的重点区域，也是人们缓解生活压力、舒展疲惫身心的重要场所。卫生间容易积聚潮气，空气比较污浊，所以需要有明亮照明及良好的通风条件。卫生间的面积至少为3m²，120m²的户型至少有两个卫生间。

5.7.1　卫生间的功能

　　卫生间的主要功能有洗漱、如厕、洗澡、化妆、收纳、洗涤、储物等。卫生间可以分为洗漱区、如厕区、冲淋区、泡浴区、储藏区和梳妆区等区域。

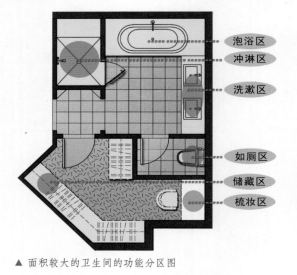

泡浴区
冲淋区
洗漱区
如厕区
储藏区
梳妆区

▲ 面积较大的卫生间的功能分区图

▲ 卫生间

5.7.2　卫生间的设计要点

卫生间虽然面积不大，但结构复杂，装修要求及费用高，是设计师与业主都非常重视的区域。

1. 卫生间类型

卫生间可以分为集中型、分设型（二分离、三分离、四分离、1.5卫）两种类型。

卫生间的类型

集中型	▲ 集中型卫生间平面图	浴盆、洗脸盆与马桶集中在一个空间内，一般有正方形和长方形两种。这种布局是小户型常见的卫生间布局，不适合人多的家庭 ▲ 集中型卫生间
分设型 — 二分离	▲ 二分离卫生间平面图	淋浴区与洗漱区、如厕区分离。这样有人洗澡时就不会影响其他人上厕所或者洗漱，独立的淋浴区干湿分离，更便于打理 ▲ 二分离卫生间
分设型 — 三分离	▲ 三分离卫生间平面图	淋浴区、洗漱区、如厕区都是单独的空间。洗澡、洗脸、洗手、上厕所等可以同时进行，各个功能分区比较明显，不会出现有人在洗澡，其他的人就不能如厕的情况。三分离布局可以提高卫生间的利用率 ▲ 三分离卫生间

续表

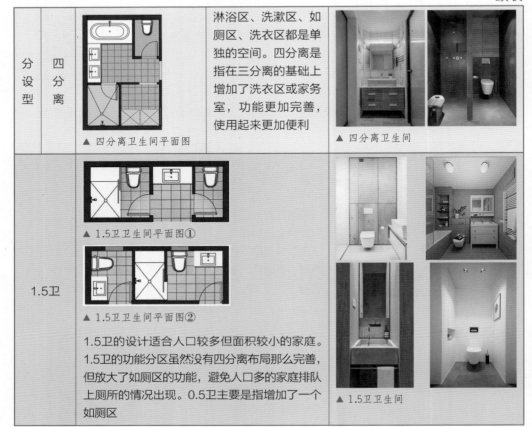

分设型	四分离	▲ 四分离卫生间平面图	淋浴区、洗漱区、如厕区、洗衣区都是单独的空间。四分离是指在三分离的基础上增加了洗衣区或家务室，功能更加完善，使用起来更加便利	▲ 四分离卫生间
	1.5卫	▲ 1.5卫卫生间平面图① ▲ 1.5卫卫生间平面图② 1.5卫的设计适合人口较多但面积较小的家庭。1.5卫的功能分区虽然没有四分离布局那么完善，但放大了如厕区的功能，避免人口多的家庭排队上厕所的情况出现。0.5卫主要是指增加了一个如厕区		▲ 1.5卫卫生间

2. 卫生间界面

卫生间的设计尽量简洁，界面造型以直线为主，为方便使用，尽量干湿分区，常用玻璃隔断来分隔空间。有老人的家庭要在卫生间淋浴区及马桶边上安装辅助拉手等设施，以保证老人使用时的安全。墙面可以采取上下分色、加腰线等装饰手法，色彩选择原则上遵循上浅下深。

3. 卫生间材料

卫生间的湿气较重，所以要选择那些具有防水、防腐、防锈性能的材料。地面的主要材料为防滑地砖，尺寸通常为300mm×300mm。墙面采用釉面砖、大理石（同卫生间地面材料），尺寸有200mm×300mm、250mm×330mm、300mm×450mm、300mm×600mm等，面砖的尺寸需根据卫生间的大小来选，面积大的卫生间可用尺寸较大的墙砖。顶面材料为铝扣板、集成吊顶、防水石膏板等。卫生间家具的材料主要为实木、防火板、人造石、大理石等。

▲ 卫生间使用材料及界面设计

4. 卫生间色彩

卫生间大多采用低彩度、高明度的色彩。墙面、地面瓷砖的主色调一般采用同类色或邻近配色，强调统一性，地面颜色比墙面略深一点比较好。如果采用对比色，要控制好色彩的面积，鲜艳色彩所占的面积要小。顶面选择淡雅的色调。马桶与台盆的色彩、造型、风格要选择同一系列。

5. 采光与照明

卫生间可以设置普遍照明及局部照明，顶面安装防雾吸顶灯。卫生间的照明由两部分组成：一部分是淋浴空间，另一部分是化妆整理空间。淋浴空间的灯具可以采用有灯罩的吸顶灯，化妆整理空间的镜子上方或边框上要设置镜前灯。由于卫生间有水气，灯具须防水、防潮，所有电器、开关的安装要绝对安全，以免发生危险。

6. 卫生间设施

一个标准的卫生间设施一般由洗脸设施、便器设施、淋浴设施三大部分组成。一般情况下，主卫使用浴缸，公用卫生间用淋浴，豪华的住宅还会设置桑拿房、双洗脸盆等。家务室一般用于放置洗衣机、烘干机、储物柜等。

7.卫生间设计常用尺寸

设备尺寸：浴缸长度有

▲ 家务室

1 220mm、1 520mm、1 680mm 3种，内边宽度为520~680mm，外边宽度为720mm，高度为380~550mm；马桶长度为750mm，宽度为350mm，高度为450mm；台盆宽度为600~1 200mm，深度为410~600mm；台盆高度为男性940~1 090mm，女性810~910mm，儿童660~810mm；成品淋浴区的尺寸为800mm×800mm，900mm×900mm。

空间尺寸：马桶前方活动空间保留610mm，两侧活动空间保留300~450mm；台盆前的活动空间，若无通道则约为1 220mm，若有通道则约为1 830mm；淋浴区的把手高度一般为1 000~1 220mm，浴缸的水龙头高度为760~860mm，花洒开关的高度为1 010~1 270mm，花洒高度为1 820mm；卫生间门的宽度为700~800mm。

知识拓展

卫生间平面布局案例

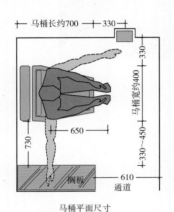

马桶平面尺寸

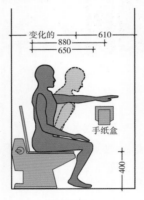

马桶立面尺寸

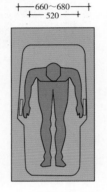

单人浴缸平面尺寸

▲ 卫生间的人体工程学尺寸

任务实践　设计5个卫生间平面图，可以尝试采用集中型、二分离、三分离等多种形式。

任务5.8
其他区域设计

微课视频

阳台、走道的设计
要点

5.8.1 阳台设计

阳台可分为工作阳台和观景阳台两种。工作阳台主要具备洗衣服、熨衣服、储物等功能，有些家庭会将洗衣机设置在工作阳台，但要注意排污处理问题。工作阳台还可以考虑墙面竖向空间的利用，增加吊柜等储物空间。观景阳台首先要满足视觉及休闲功能需求，储物功能属于次要需求。在景观阳台可以放置休闲座椅，也可以用植物装点空间。

5.8.2　走道设计

走道在居住空间中属于交通空间，既是空间与空间之间的联系，也是组织空间的有效手段。走道在形式上大致分为"一"字形、"L"形和"T"形，在性质上大致分为

知识拓展

屋顶大露台花园设计图集

知识拓展

阳台设计图集

外廊、单侧廊和中间廊。走道的顶面一般比其他空间矮一些，造型比较简单。走道照明一般用筒灯或槽灯简单排列即可，走道无阅读功能，所以亮度不需要太高。走道的墙面可以用照片或艺术作品来装饰，结合灯光，营造出生动的视觉效果；也可以在走道的墙面上设置一些照明壁龛，消除走道的沉闷气氛。走道地面可以做简单的围边或拼花处理，但拼花图案不宜过于繁杂及色彩艳丽，以免喧宾夺主。走道高度不低于2 400mm，宽度一般为1 200～1 500mm。

▲ 走道设计

5.8.3　楼梯设计

楼梯是别墅、跃层等居住空间垂直的交通枢纽。楼梯一般沿墙设置或沿拐角设置，以免浪费空间。但有些高标准的豪华别墅的楼梯往往设置在显眼的位置，这种楼梯主要起装饰作用。

楼梯按照材质可分为木楼梯、金属楼梯、混凝土楼梯或砖砌楼梯等；按形式可分为单路式、拐角式、回径式（双跑楼梯）和旋转式等。

楼梯由踏步、栏杆和扶手3部分组成。踏步的材料主要有木地板、瓷砖及大理石等。踏步的高度在150～180mm，宽度不小于250mm，常用宽度是350mm和125mm，长度不小于850mm。

知识拓展

走道设计图集

知识拓展

楼梯设计图集

室内楼梯扶手的高度（自踏步前缘线量起）不宜小于850mm；室外楼梯扶手的高度不应小于1050mm。栏杆高度在多层建筑中不应低于1000mm，楼梯平台净宽不得小于1100mm。

5.8.4 储物空间设计

一个家庭不管是出于功能需要还是日常生活需要考虑，都应设置一定的储物空间。合理设置的储物空间可以使居住空间显得更加洁净、开阔。设计师应尽量从各方面挖掘储物空间，可以结合墙柱等建筑结构，合理利用角落空间；也可以利用卫生间、卧室等空间设计步入式更衣室。

知识拓展

步入式更衣室的
八大设计要素

▲ 步入式更衣室设计

任务实践　设计一个定制的步入式更衣室。通过训练，了解衣柜等家具的设计要求，掌握步入式更衣室空间的设计要求与尺寸。设计要求：房间净高为2.90m，材料标注详细、衣柜尺寸合理，绘出步入式更衣室全套详细的平面图、立面图和剖面图。

项目总结

通过本项目的学习，我们要了解居住空间各区域的功能要求及设计要点。通过理论学习及案例分析，明确居住空间各区域应如何设计，从而为后续的项目实训打下基础。

思考与练习

一、多选题

1. 以下哪些材料适用于餐厅地面？（　　　）

　A.瓷砖　　　　B.地板　　　　C.地毯　　　　D.大理石

2. 厨房的功能主要有哪些？（　　　）

　A.洗漱　　　　B.储存　　　C.洗涤　　　　D.切削　　　　E.烹调　　　F.备餐

3. 书房有哪些类型？（　　　）

　A.闭合型　　　B.实用型　　C.开放型　　　D.兼顾型

4. 卧室的主要功能有哪些？（　　　）

　A.睡眠　　　　B.学习　　　C.工作　　　　D.梳妆　　　　E.会客　　　F.储物

5. 阳台的功能有哪些？（　　　）

　A.采光通风　　B.晒衣物　　C.休闲纳凉　　D.园艺种植　　E.就餐

二、填空题

1. 客厅的地面通常采用坚固的_____、_____、_____等材料。

2. 橱柜台面材料大致可分为_____、_____、_____、_____四大类。

3. 厨房的功能主要有_____、_____、_____以及备餐。

4. 卫生间的主要设施包括_____、_____、_____等。

知识拓展

新中式别墅客厅设计图集

新中式别墅餐厅设计图集

步入式更衣室设计图集

第二部分
项目实训篇

本篇知识要点

◦ 设计分析及设计准备

◦ 方案设计

◦ 施工图设计

◦ 设计实施

经过第一部分"认知准备篇"的学习与任务实践，我们主要了解了居住空间设计的理论知识，为后面的项目设计打下了坚实的基础。接下来，第二部分"项目实训篇"将主要依据装修企业的家装设计、施工项目的工作流程来进行项目实训，把前期所学的理论知识灵活应用到项目实训中。

项目实训流程及实训任务

居住空间装修周期可以分为4个阶段：设计准备阶段、方案设计阶段、施工图设计阶段和设计实施阶段。具体实训内容及实训任务见下表。

居住空间设计项目实训内容及实训任务

序号	实训流程	实训内容	实训任务
1	设计准备阶段（项目6）	1.客户咨询及项目的前期准备、现场勘测（施工现场测绘）2.原建筑空间及户型分析3.客户装修设计要求分析	1. 填写客户装修设计要求表2. 测绘拟装修空间，现场勘测3. 绘制原始建筑结构图（用CAD软件绘制）4.分析客户的装修设计要求
2	方案设计阶段（项目7）	1.设计定位2.平面优化方案3.初步方案设计草图4.效果图方案设计	1.平面优化方案（1）5套以上的平面优化方案实训（2）绘制彩色平面图、彩色立面图2.设计草图（手绘效果图、立面草图）3.设计计算机效果图方案4.制作装修预算表
3	施工图设计阶段（项目8）	1.施工图扩初设计2.施工图深化设计	制作一套完整的居住空间施工图设计方案（含平面图、立面图、大样图、节点图、电气图纸等）
4	设计实施阶段（项目9）	1.设计现场跟进、监理（1）设计交底（2）设计变更2.施工图现场深化调整3.竣工图绘制4.装修决算书制作5.施工图设计资料管理	1.填写设计交底表格2.填写设计变更表格3.填写工程量变更表格4.绘制竣工图5.制作装修决算书

项目实训目标

通过项目实训，学生能够运用居住空间的设计理论、设计思维及设计方法，联系设计实践，因地制宜地对各种形式的居住空间进行方案设计。掌握居住空间的设计原则、设计要点以及设计步骤；掌握设计师沟通技巧；能针对空间的功能需求优化空间布局；了解当前流行的家装风格，合理搭配色彩、软装及装修材料；掌握家装工程预决算的知识；掌握建筑制图与制图标准规范的相关知识，能绘制规范的施工图纸；培养发现问题、分析问题的能力；使设计能力、沟通能力、协作能力及收集信息与分析问题的能力得到提升。培养认真负责的工作态度和精益求精的工匠精神。

项目6
居住空间设计准备

知识目标

1. 了解中华优秀传统文化
2. 了解项目基本情况及客户装修设计要求，能进行装修需求分析
3. 掌握空间测绘要点，准确规范测绘空间
4. 了解室内装饰装修设计施工规范
5. 掌握居室空间功能、设计要点、设计程序、设计方法

能力目标

1. 能熟练运用绘图软件或手绘进行空间设计
2. 掌握家装工程现场测量，精确绘图的能力
3. 提高分析与解决问题的能力
4. 提高设计创新能力

素质目标

1. 提高艺术素养和设计表达能力
2. 提高沟通、团队协作等社会能力
3. 培养并形成一定的设计创新能力
4. 培养科学思维和理性的艺术创作思维
5. 培养踏实肯干、认真负责的工作态度

思维导图

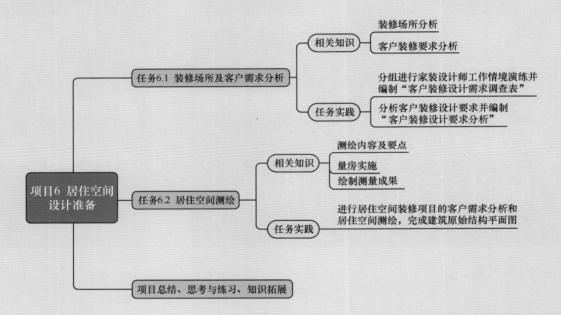

在设计方案之前，设计师需要完成大量的前期准备工作。本项目主要讲解在居住空间设计准备阶段进行的需求分析与空间测绘的方法。

课前准备

1. 通过网络收集平面优化设计参考案例，了解居住空间功能、流线设计要点。
2. 收集居住空间设计需要分析的资料，了解如何分析客户的装修要求。
3. 观看"空间测绘要点"教学视频，熟悉"量房设计指标书"的内容。
4. 利用图书馆、网络等资源，收集和查阅设计师沟通技巧。
5. 考察装饰市场、材料市场、家具店及软装市场。

微课视频

空间测绘要点

知识拓展

量房设计指标书

任务6.1
装修场所及客户需求分析

设计师首先要与客户充分交流装修的细节，在交谈过程中详细了解客户的家庭情况、装修需求等信息，了解建筑类型、建筑结构；然后对了解到的信息进行归纳分析，为下一步的设计工作提供设计定位的依据。

6.1.1 装修场所分析

通过勘测装修现场，了解建筑形态、结构方式、环境条件、自然条件、空间条件等情况，对住宅环境及户型条件做出合理分析，对装修场所做出初步诊断。

1. 住宅环境及户型条件分析

住宅环境及户型条件分析

序号	状况	内容
1	区域环境	所处区域位置、小区周边的地理环境
2	小区环境	小区内建筑造型及设计风格、景观环境设计风格、人文景观及社区环境

续表

序号	状况	内容
3	空间条件	住宅与单元楼之间的平面关系和空间构成，住宅与公共空间是否有私密性、安全性
4	建筑结构	砖混结构、框架结构、框架剪力墙结构、剪力墙结构、筒体结构、钢结构、木结构
5	自然条件	楼层、朝向、通风、采光、湿度、温度
6	住宅房型	小户型、复式、单元式、公寓式、跃层式、花园洋房式（别墅）
7	住宅套型	一居室、二居室、三居室、多居室
8	功能需求	起居、娱乐、学习、休息、洗漱、餐饮、烹饪

2. 建筑类型分析

建筑可以按照套型或房型来分类，也可以按照高度分类。在设计之前设计师首先要了解建筑类型及其特点。

（1）按套型分类。

住宅的套型是指满足不同家庭生活需求的居住空间类型，习惯上称作户型。

微课视频

装修建筑类型及
户型分析

户型可分为一居室、二居室、三居室、多居室等，如两室一厅、三室两厅等。这里的"室"是指卧室、书房等面积超过 $12m^2$ 的房间，$6\sim12m^2$ 的房间称为"半室"，"厅"指的是客厅、餐厅。

按套型分类

类型	特点	图例
一居室	一居室是典型的小户型，通常有一个卧室、一个客厅、一个卫生间及一个厨房。有的户型甚至没有厨房，只在入口处的走道设置橱柜。这类户型的特点是面积虽小，但能基本满足起居、会客、储存、卫浴、学习等需求，适合单身人士或一对夫妻居住	
二居室	二居室是小户型中比较常见的类型，比一居室的面积稍大一些。一般有"两室一厅""两室两厅"两种户型。"两室一厅"指有两个卧室，配置一个客厅、卫生间和厨房。客厅与餐厅共用，户型特点是面积适中、功能齐全、比较实用，适合刚结婚的年轻夫妻居住。两室两厅指两个卧室，有独立的客厅与餐厅	

续表

类型	特点	图例
三居室	三居室是比较成熟的户型，很受大众的喜欢，特点是面积较大，空间相对宽敞，主要有"三室一厅""三室两厅"两种户型。由3个卧室，1个厅或2个厅（客厅和餐厅），1~2个卫生间，以及厨房、阳台等空间组成，适合有1~2个孩子的家庭居住	
多居室	多居室属于大户型，一般指卧室数量在4间及以上的户型。总面积比较大，有2~3个卫生间。这类户型的功能分区明确，能满足主客分区、动静分区的要求。居住空间宽敞，适合人口较多的家庭	

（2）按房型分类。

建筑按房型可以分为单元式住宅、公寓式住宅、错层式住宅、复式住宅、跃层住宅、花园式住宅（别墅）、小户型住宅等。不同房型的特点也不一样，大致归纳如下。

房型分类表

类型	特点
单元式住宅	单元式住宅也叫梯间式住宅，一般为多层住宅所采用。从楼梯平台直接进入分户门。住宅平面布置紧凑，有公摊面积，住宅内公共交通面积少。户间干扰不大，相对比较安静
公寓式住宅	公寓式住宅都是高层大楼，每一层内有若干单户独用的套房，每间套房内有卧室、客厅、浴室、卫生间、厨房等空间。特点是户型小、套型丰富、配套设施完善
错层式住宅	错层式住宅是指一套住宅的室内地面不在同一个水平面上，室内的客厅、卧室、卫生间、厨房、阳台处于几个高度不同的平面上，有3个台阶的高差，高差一般有0.3~0.4m，错层式住宅的层高通常在2.9m左右
复式住宅	复式住宅一般总层高为3.3~5m，室内空间的利用率高。下层供起居、烹饪、进餐、洗浴等使用，上层供休息、睡眠和储藏使用。缺点是上面房间由于层高较低，比较压抑

续表

类型	特点
跃层住宅	跃层住宅也称为"楼中楼"，是指一套住宅两层一户，分楼上楼下，由内部楼梯联系上、下楼层。跃层的总层高一般为5.6m以上；这种户型大多位于住宅的顶层，大平台是该户型的特色之一。跃层住宅宽敞、舒适、彰显业主尊贵的身份
花园式住宅	花园式住宅也称为花园别墅或洋房，是指带有花园草坪和车库的独院式一到三层的低矮建筑。该类建筑密度低、居住功能完善、装修豪华、空间设计富有变化
小户型住宅	小户型住宅比较受年轻人及老年人喜欢。其面积一般不超过60m²，适合经济能力不强、家庭人口不多的家庭或个人居住

（3）按高度分类。

住宅按楼体高度可以分为低层、多层、小高层、高层与超高层。

按高度分类

类型		特点
低层	独栋别墅	独栋别墅指单户独立式住宅，独门独院，上下、左右、前后都属于独立空间，私密性较强，一般为1~3层，房屋四周有绿地、院落
	双拼别墅	由两栋别墅联合组成，三面采光，两户中间共用一道建筑分隔墙
	联体别墅	联体别墅即通常所说的TownHouse，由3栋及3栋以上的别墅并联而成。左右共用墙体；有独立的入口、院落、车库及地下室
	叠拼别墅	外形类似于把两栋独栋别墅叠加在一起，其内部空间具有独栋别墅的一切元素。一般为4层，由两户人家居住，顶层为阁楼的建筑，1~2层有庭院，3~4层有屋顶花园
多层		多层通常指4~6层高的住宅，借助公共楼梯解决垂直交通问题，是常见的城市低层集合住宅
小高层		小高层指9~12层高的集合住宅，是较低的高层住宅，故称为小高层
高层		高层住宅指10层以上的集合住宅。依据外形可将其分为塔式、板式和墙式；其内部空间组合可分为单元式和走廊式
超高层		超高层指40层及40层以上的住宅，或者建筑高度超过100米的民用建筑

按房型分类建筑图集

按高度分类建筑图集

3. 建筑结构分析

　　在开始设计之前，设计师需要对建筑结构进行分析，它将对后续的平面优化起关键作用。设计师可以依据对建筑结构条件进行的初步分析，并结合现场勘测做出准确的判断。

　　常见的房屋结构形式大致可以分为砖混结构、框架结构、剪力墙结构、框架剪力墙结构、筒体结构、钢结构、木结构等。我国住宅的常见结构是砖混结构和钢筋混凝土结构。

微课视频

建筑结构分析

建筑结构类型

类型	特点	图例
砖混结构	砖混结构是用钢筋混凝土与砖墙共同承重的结构。竖向承重结构由墙、柱等组成，横向承重结构由梁、楼板、屋面板等组成。采用砖、砌块砌筑或钢筋混凝土结构，承重墙体不可以改动。通常用于多层（4~6层）或低层（1~3层）建筑，高度不能超过6层。适用于开间及进深较小，面积也较小的建筑	
框架结构	框架结构是指由梁和柱以钢接或者铰接相连接而构成承重体系的结构。该结构由梁和柱组成框架共同抵抗水平荷载和竖向荷载。房屋墙体可以灵活分隔，不承重，仅起到围护和分隔作用。框架结构具有较好的抗震性及结构延展性，适合于10层以下的建筑和空间较大的建筑，便于布置设备	
剪力墙结构	用钢筋混凝土墙板来承受竖向和水平荷载的结构称为剪力墙结构。该结构能承担各类荷载产生的内力，能有效控制结构的水平力。其特点是剪力墙承担竖向荷载（重力）、抵抗水平荷载（风、地震等）。剪力墙结构由墙与楼板组成受力体系，剪力墙不能被拆除或破坏。缺点是只适合小空间建筑，室内空间布局不宜多做改动，适合10~30层的建筑	

续表

类型	特点	图例
框架剪力墙结构	框架剪力墙结构也称框剪结构，是指在框架结构中布置一定数量的剪力墙，构成灵活自由的空间。框架剪力墙结构的特点是刚度强，由框架和剪力墙结构两种不同的抗侧力结构组成新的受力形式	
筒体结构	筒体结构由框架剪力墙结构与全剪力墙结构综合演变而来，是将剪力墙或密柱框架集中到房屋的内部和外围而形成的空间封闭式筒体。筒体结构一般用于高层写字楼建筑，其特点是剪力墙集中，可以自由分割空间。剪力墙分布在四周，围成竖向薄壁筒和柱框架，组成竖向箱形截面的框筒	 ▲ 筒体结构基本形式
钢结构	钢结构是以钢材为主的结构。钢结构的特点是强度高、自重轻、刚度强，适用于大跨度、超高及超重的建筑。钢结构施工工期短，可工业化、专业化生产，加工精度高、效率高、密闭性好。材料匀质性、向同性、可塑性及韧性都较好，可以变形，能很好地承受动力荷载	
木结构	木结构是指用木材制成的结构。木结构自重较轻，便于运输、拆装，且能多次使用，广泛应用于房屋建筑中，也可用于桥梁和塔架中。优点是取材容易，加工简便，具有一定的可塑性。缺点是强度受木节、斜纹及裂缝等的影响较大，受潮容易腐朽，着火容易燃烧；还会受白蚁、蛀虫、家天牛等昆虫的侵害	

6.1.2　客户装修要求分析

客户需求分析阶段需要设计师与客户仔细沟通，快捷、准确地把握客户心理；明确客户的装修要求，并做好详细的洽谈记录。设计师应根据所了解的客户家庭基本情况及对装修的期望等相关信息，对客户的家庭因素和装修要求进行分析，分析的结果作为设计定位的参考依据。

1. 家庭因素分析

居住空间是个性化的私密空间，而居住空间设计是一种以满足家庭需要为目标的理性的创造行为，所以在设计之前，设计师要了解客户的家庭因素，如家庭结构、家庭背景、常住人口、性格类型、生活方式、经济收入等，主要包括以下几个方面。

知识拓展

家装客户设计
需求分析表

❶ 家庭基本情况。

❷ 客户对装修效果的期望。

❸ 客户对居室环境的喜好。

❹ 客户性格、生活方式及综合背景（籍贯、教育、职业等）分析。

❺ 客户对装修材料、设备品牌的要求，准备投入装修的资金准备。

知识拓展

家装客户需求
调查表

前期与客户交流所获取的相关信息，也可以通过引导客户填写"家装客户需求调查表"来了解。再对客户的装修要求进行列表分析，为后面的方案设计提供依据。

2. 客户的装修要求分析

客户的装修要求分析是设计的重要环节，将对后续的设计工作起指导作用。分析工作做得越细致，后面的设计工作就会开展得越顺利。需要了解的客户装修要求主要内容包括：家庭基本情况，客户的装修目标与愿景，以及对居住环境的好恶，客户的生活方式和性格特点，客户需要提供的家具、家电、设备资料等。

3. 家装客户装修分析

知识拓展

家装客户分析

在开始设计之前，需要对客户的基本信息、装修选择状态、性格、心态、消费心理、经济能力等进行细致分析，以达到谈判的目的，并且更好地满足客户对设计的要求。

家装客户装修分析

项目	分析内容
基本信息分析	分析客户的性别、年龄、文化程度、民族、工作单位、职务、特长、兴趣爱好、身高、家人情况（数量、年龄、身高、文化程度、爱好）

续表

项目	分析内容
装修选择状态	了解装修选择情况（接触过的其他装修公司数量及公司名称）、客户对装修的了解情况、装修需要的时间（着急程度、希望何时入住）
客户性格分析	性格大致可以分为活泼型性格、完美型性格、力量型性格与和平型性格4类。分析客户性格，了解他们的家装心理，提出相应的解决方案
客户心态分析	人的心态大致分为3种：积极型、悲观型和务实型。分析客户的心态，有助于制定合适的设计方案
消费心理分析	针对客户家装消费心理进行分析，设计师要凭借优惠的价格、过硬的质量、优秀的设计与客户达成交易；同时要改变客户心里对各要素的排序，让客户重视质量和设计效果
经济能力分析	对客户的经济能力和支付意愿做出准确的分析，有助于做出合适的家装预算

任务实践

1. 分组进行角色扮演、情景演练，模拟家装设计师工作情境，编制"客户装修设计需求调查表"。

2. 分析客户装修设计要求，对客户的设计要求、心理状态、家庭因素等进行分析，编制"客户装修设计要求分析"，并将其作为后期设计的参考依据。

任务6.2
居住空间测绘

接受客户的设计邀请后，设计师要前往拟装修现场进行勘察及测绘，对居住空间的建筑结构状态、尺寸、环境等方面进行充分的了解，获取相应的原始资料，并进行综合的考察，以便更加科学、合理地进行设计。现场勘测在行业里俗称"量房"。

知识拓展

家装主要装饰材料

知识拓展

量房流程及注意事项

6.2.1　测绘内容及要点

收集拟装修现场的相关建筑尺寸和资料，对现场进行实地勘察、拍照，并测量未知尺寸。测绘内容分为两部分，一部分是基本数据，另一部分是水、电、气的相关数据。测绘时要依据测绘方法，按顺序测量空间，并注意以下测量要点。

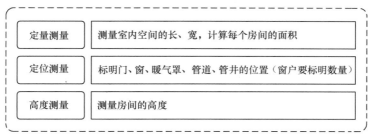

定量测量	测量室内空间的长、宽，计算每个房间的面积
定位测量	标明门、窗、暖气罩、管道、管井的位置（窗户要标明数量）
高度测量	测量房间的高度

▲ 测绘方法

❶ 用不同颜色的笔进行标注。黑色笔用来标注图框、撰写文字、标高等；红色笔用来标注建筑结构、管道、管井等的位置；绿色笔用来标注尺寸线、尺寸及符号。

❷ 测量时从地面开始，先量总长、总宽、总高，再将门、窗、墙体、梁、柱、楼梯、家具等的位置和尺寸详细标出，标明承重墙和非承重墙的具体位置。

❸ 记录现场与图纸的不符之处，详细记录现场墙体方面的工程误差，记录现场的地平面标高。

❹ 标注门窗的实际尺寸及开合方式等，标出需要保留的家具尺寸及摆放位置；标出水管、插座、开关等的位置。

❺ 记录排水管、排污管、雨水管、管井、空调排水口等的位置及大小，尺寸以各个管道的中心点为准。

❻ 记录地段、噪声、通风、朝向、采光及景观等情况。

❼ 现场度量尺寸时要准确，有些无法标注清楚的地方可以用大样草图说明，或拍照片记录，方便查阅。

❽ 测量净空尺寸，以及各个空间的总长、总宽。CAD图纸放线应以柱中、墙中为准。

6.2.2　量房实施

在量房之前最好向客户索要原建筑图纸或相关电子文件。即使客户已经提供了建筑原始结构图纸，也一定要到现场勘测，复核现场空间尺寸，对现场与图纸不符之处要做详细记录。量房实施流程分为3个阶段：量房准备阶段、量房实施阶段、预约平面方案讨论时间。

微课视频

测绘实施

1. 量房准备阶段

在量房准备阶段，设计师与客户约定量房的时间并准备量房的资料及工具。设计师在量房实施之前应仔细研读建筑的相关资料。

（1）资料准备：公司宣传资料、设计图册、户型图集锦、材料图册、量房设计指标书、家装调查表、个人作品集、名片、工作牌等。

（2）户型图：在量房前，如果客户提供了建筑原始结构图纸，量房前应仔细研读，了解户型的优缺点，初步构思平面优化方案。

（3）工具准备：两张原建筑框架平面图，一张用来记录地面情况，另一张用来记录天花板的情况；红、黑、绿3种颜色的笔；钢卷尺、测绘仪、A4纸、速写板、拍照工具等。

2. 量房实施阶段

量房实施阶段主要包括绘制草图、测量空间、现场勘察、细节部位拍照等工作，具体如下。

（1）绘制草图。绘制草图并详细标注是必不可少的环节。按照比例绘制出室内各个空间的平面图，墙体填充以密集的45°斜线表示。

（2）测量空间。将测量得到的数据标记在平面图中，详细注明门、窗、暖气罩的位置及高度，数据要清晰准确。对于有些需要详细标注的细节，可以单独画大样草图或平面草图，

▲ 现场量房

用更加精准的数据进行标注，还可以用文字详细说明。对有些复杂的空间结构进行拍照，作为绘图时的依据。

（3）现场勘察。量房后，要对现场进行勘察，对地面、顶面、墙面的平整度、防水、渗漏等质量问题进行检查，对水电工程、安装工程等进行检查。对于在勘察过程中发现的问题，客户可以联系原建筑单位或物业进行维修解决，也可以委托装修公司在装修时解决，但需要按照具体项目付费。

（4）细节部位拍照。对有些复杂的空间结构及有质量问题的部位进行拍照及录像，以便绘图时作为参考依据。

整个量房过程需要1~2小时。在量房过程中，设计师要一边量房，一边与客户沟通。在沟通过程中，设计师要了解客户对装修空间的功能、色彩、缺陷的改进等方面的要求和客户的审美取向，以及客户对装修效果的期望，同时听取客户对门、窗、吊顶、储藏柜、照明、暖气、空调、水电路改造的意见。

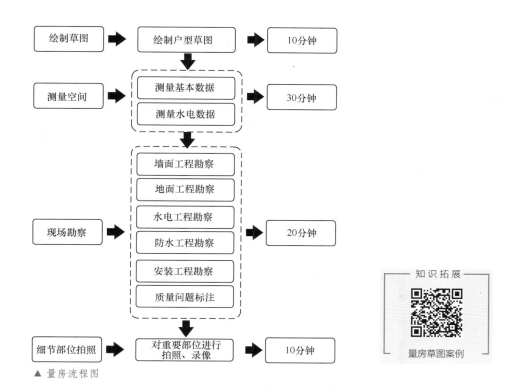

▲ 量房流程图

3. 预约平面方案讨论时间

量房结束时，设计师要和客户约定下次平面方案沟通的具体时间，一般安排在量房后2～3个工作日内。设计师在建筑原始平面图的基础上进行平面方案优化，通常提交2～3个平面设计方案，并与客户进行沟通。

6.2.3　绘制测量成果

量房结束后，设计师要把量房草图在电脑上用AutoCAD转换成建筑原始结构平面图。绘制量房草图及平面图时的注意事项如下。

❶ 完整清晰地标注各部位的尺寸。

❷ 尺寸标注要符合制图原则，标注整齐明晰，图例要符合规范。

❸ 要有顶面梁和各个设备的准确尺寸、标高、位置。

❹ 要有方向坐标指示，以及对客厅、餐厅、主卧的室外景观的简单文字说明。

❺ 现场测量原稿作为重要材料放入客户资料文件夹，以备查验，不得遗失或损毁。

❻ 原始结构变更时应再次绘制上述测量图以存档更新，并与原测量图对照使用。

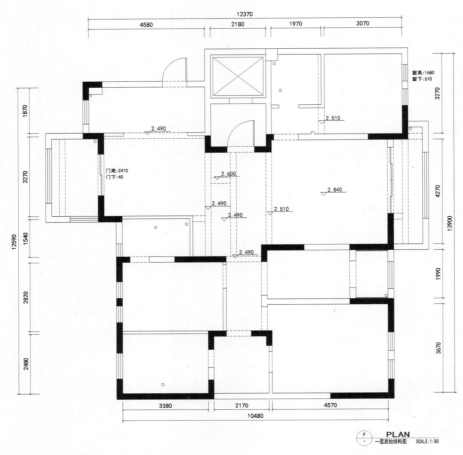

▲ 用AutoCAD绘制的建筑原始结构平面图

任务实践

1. 项目导入

本项目坐落于某市，依山势而建。业主李先生，年龄约40岁，职业为证券分析师，其妻子为一名中学教师。该房屋建筑面积为140m²，供业主夫妇、业主父母及一个上初中三年级的女儿共同居住。业主对居住空间的功能要求是，要有3间卧室，两个卫生间，客厅、餐厅、厨房等均独立使用。项目硬装部分的预算为40万元左右。

2. 角色交代

目前家装公司设计部门一般以项目小组的形式提供设计服务，项目小组由一位主任设计师与1~2位助理设计师组成。因此，在课程项目实训教学中，建议由老师担任家装公司的设计总监角色，3~4名学生可以成立1个项目小组，每个项目小组推荐一名同学作为该小组负责人，其他同学担任助理设计师角色，小组成员应分工明确，依据设计工作流程和工作职责来完成项目设计实训。

3. 实训任务

任务1：收集业主装修需求及建筑的相关信息，明确设计任务和要求。（课后）

任务2：对客户的设计要求、心理状态、家庭因素等进行分析，编写"家装客户档案表""客户装修设计需求调查表""居住空间项目设计任务书"，并将其作为后期设计的参考依据。（课内实训）

任务3：对客户资料进行分析，填写"家装客户装修需求分析表"。（课后实训）

任务4：通过书籍与网络课前准备设计规范及参考资料，了解并学习家装设计师的沟通技巧等相关内容。（课后）

任务5：对楼盘样板间、家具市场、装饰材料市场进行考察。（课后）

任务6：测绘拟装修空间，进行现场勘察。（课内实训）

任务7：整理现场勘察资料，用AutoCAD把量房草图转换成建筑原始结构平面图，并标注详细尺寸。（课内实训）

知识拓展

居住空间项目
设计实训任务书

项目总结

　　设计准备是设计的重要环节，它为随后的各项工作准备基础资料。通过本项目的任务实践，我们应掌握装修现场分析方法及客户装修要求分析方法；了解量房流程，到拟装修现场实地勘察、拍照、测量尺寸，绘制量房草图并详细标注。此外，我们还应分析建筑所处的小区环境、建筑的结构与形态、空间采光与通风、水电情况；分析电、水、气、暖等设施的规格、位置和走向等；检查裂缝漏水情况，分析现场条件的利与弊。

思考与练习

一、填空题

1. 建筑按房型可以分为＿＿＿＿＿＿、＿＿＿＿＿＿、＿＿＿＿＿＿、＿＿＿＿＿＿、

_____、花园式住宅（别墅）、小户型住宅等。

2. 复式住宅的层高比公寓式住宅的高，一般高度为_____m左右，可以在中间增建一个夹层，提高空间的利用率。跃层式住宅的层高一般为_____m左右，跃层式住宅分楼上楼下、两层一户。

3. 常见的房屋结构形式依据所用材料可以分为_____、_____、_____、_____、_____、剪力墙结构、钢结构等。

二、思考题

1. 简述框架结构的特点。

2. 测绘的内容与要点有哪些？

知识拓展

不同套型平面图图集

项目7
初步方案设计

知识目标

1. 掌握居住空间的功能分区、动线设计及设计禁忌
2. 了解设计定位与设计概念的形成过程
3. 掌握平面方案的优化要点
4. 掌握居住空间初步方案设计方法

能力目标

1. 熟练操作专业设计软件
2. 掌握本专业的施工图绘制、施工工艺设计中的新技术、新工艺
3. 具备根据制图规范绘制施工图纸的能力
4. 具备运用逻辑思维和辩证思维迅速分析和解决问题的能力
5. 掌握家装设计师实际业务处理能力

素质目标

1. 通过具体的设计任务训练，培养创新创业能力
2. 树立专业信仰，培养工匠精神
3. 培养学生良好的诚信道德与品质
4. 培养爱岗敬业的工作作风，强化社会责任心

思维导图

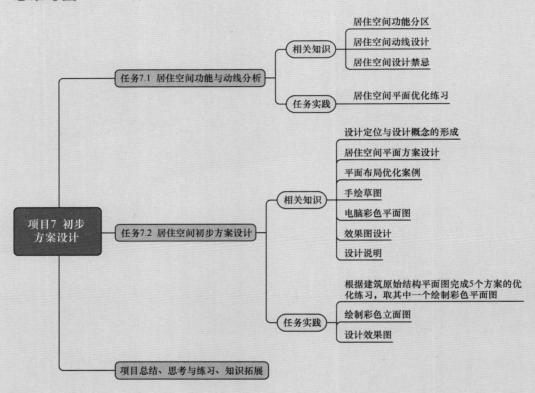

　　初步方案设计是在设计准备阶段的基础上，进一步收集、分析、运用与设计任务有关的资料与信息，构思立意，进行方案的初步设计。在本项目中，我们依照居住空间建筑原始平面图，逐步完成设计构思、设计草图绘制、效果图绘制等项目实践，训练家装设计风格确立、居住空间功能分区、空间界面造型设计、色彩设计、质感肌理设计、家具陈设设计等能力。

　　1. 通过网络收集原始平面图及优秀的平面设计案例，分析户型的优缺点及设计优化技巧。熟悉居住空间功能、流线设计要点。

　　2. 预习本项目相关知识点。

　　3. 准备手绘绘图工具。

　　4. 完成AutoCAD、Photoshop等计算机软件的安装。

任务7.1
居住空间功能与动线分析

微课视频

居住空间分区

　　空间功能合理和交通组织流畅是空间环境设计的基本要求，所以设计师在居住空间设计过程中首先要对空间的功能及动线进行分析，同时结合采光、通风、朝向等方面设计出主次分明、空间关系合理的布局。

7.1.1　居住空间功能分区

1. 居住空间的六大区域

　　居住空间的六大区域是：会客接待区、工作学习区、休息睡眠区、烧煮餐饮区、休闲娱乐区、盥洗卫浴区。这些区域构成了家居空间、动线设计及界面设计的基础，各区域可以相互合并或分解。

　　依据人们在居住空间内的日常生活习惯，又可以将这六大区域分为外部公共区域与内部私密区域。外部公共区域指会客接待区和休闲娱乐区；会客接待区和烧煮餐饮区靠近。内部私密区域指工作学习区、休息睡眠区、盥洗卫浴区。

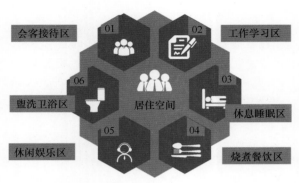

▲ 居住空间的六大区域

2. 居住空间中的4类空间

居住空间满足了家庭成员及访客在生活、工作、休息、娱乐等方面的需求，其主要功能有聚会、视听、娱乐、阅读、学习、休息、睡眠、备餐、就餐、沐浴、洗漱、如厕等。

居住空间的各个区域主要依据现有空间布局，并结合使用者的生活习惯、动线及使用功能需求来合理设置。居住空间可以分为公共空间、私密空间、家务空间、交通空间4类空间。

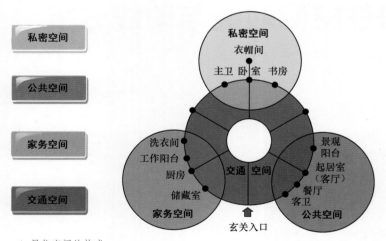

▲ 居住空间的构成

（1）公共空间。公共空间为家庭聚集的中心，是家庭成员群体活动的场所，也是家庭成员和外界交际的场所。

主要活动：团聚会客、休闲娱乐、兴趣爱好、视听影院、学习工作、健身活动、亲子互动、聚餐品茗等。

涉及空间：起居室（客厅）、餐厅、客卫、景观阳台、家庭活动室、家庭影院等。

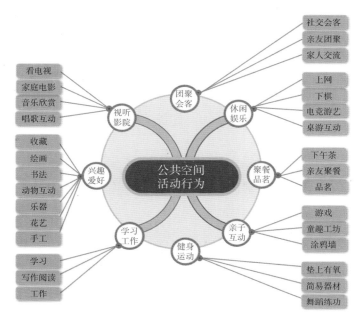

▲ 公共空间的主要活动

　　（2）私密空间。私密空间是指各家庭成员独自拥有的个人活动空间，可避免相互干扰。设计师需充分满足各成员对私密空间的个性需求，并依据使用者的喜好和需求做个性化设计。

　　私密空间的主要活动：洗漱、更衣、休息、睡眠、梳妆等。

　　涉及空间：卧室、书房、主卫、衣帽间。

　　（3）家务空间。家务空间指以备餐、清洁、洗涤、晾晒、设备修理为主要活动的区域，合理的家务空间布局可以提高做家务的效率，满足省时、省力的要求。家务空间要根据人体工程学设定操作空间区域的合理尺寸。

　　家务空间的主要活动：膳食调理、清洗熨烫、维护清洁、洗晒衣物等。它所需要的设备包括操作台、清洁设备（如洗碗机、洗衣机、吸尘器等）以及用于储存物品的设备（如冰箱、储物柜等）。

　　涉及空间：厨房、洗衣间、储藏室、工人房、工作阳台等。

　　（4）交通空间。交通空间主要指玄关、走道、楼梯等用于交通活动的区域。玄关是居住空间的通道及出入口，走道及楼梯是建筑内部水平及垂直的交通空间，分别连接居住空间中的各功能空间。为了使交通流畅，一般不在交通空间放置家具，除了需要在走道尽头布置端景台及在玄关处设置鞋柜或屏风。

　　交通空间的主要活动：交通、连接各个功能空间。

　　涉及空间：玄关、走道、楼梯。

3. 居住空间中的3种分区

居住空间的功能区域主要有玄关、客厅、餐厅、厨房、工作阳台、主卧、次卧、书房、主卫、客卫、储物间等。首先要确定各个区域的位置、面积、方向。通常玄关、客厅、餐厅一般靠近入口，客厅、主卧、餐厅等重要区域需选择较好的朝向及位置。

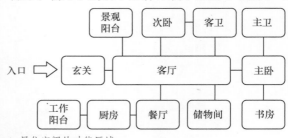

▲ 居住空间的功能区域

居住空间要满足"动静分区""干湿分区""公私分区"等要求。空间布局与动线密切相关。各区域功能明确，空间尺度合理，交通流线顺畅有序。

（1）动静分区。

动区主要是指玄关、客厅、餐厅、厨房、客卫等公共活动区域，是家庭成员活动较频繁、比较吵闹的场所，一般为居住空间的活动中心。

静区是指卧室、书房、主卫等供家庭成员工作、学习及休息的场所。静区需要安静且隐蔽，通常布置在居住空间的尽头，采用走道、隔断等使其变得隐蔽。

动静分区指动区和静区这两个区域相对分离，空间区域尽量不产生交叉，两个区域之间的动线尽量不重合。活动、娱乐的空间与休息、学习的空间尽量分开。

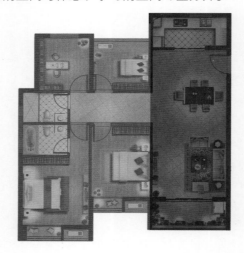

▲ 居住空间动静分区

（2）公私分区。

公共区域是指家庭成员接待访客及家人团聚、活动的区域，包括玄关、客厅、餐厅、景观阳台、客卫等。

私密区域是指家庭成员个人的活动区域，包括个人的卧室、书房、主卫等。

公私分区是指按照私密性将客人来访的公共活动空间与主人的卧室、书房等私密区域分离，避免互相干扰，尽量在会客时不影响家庭成员的休息、学习。玄关要有遮挡，避免对室内情况一览无余；要考虑私密性要求，卧室及卫生间的门不要直接对着客厅、餐厅；主卧最好配置独立的卫生间及书房；如果有保姆房，主卧与保姆房之间要有一定的距离。

▲ 居住空间公私分区

（3）干湿分区。

干区主要指玄关、客厅、书房等区域。

湿区则是指厨房、客卫、主卫等用水比较多的区域。

干湿分区是指将用水较多的区域与其他干燥的区域分离。干湿分区包括以下两个方面的含义。

一是指居住空间各功能区域的干湿分离，例如，卧室、客厅与厨房、卫生间、浴室分离。

二是指卫生间内用水较多的淋浴区与相对干燥的如厕区、洗漱区分离。

知识拓展

居住空间生活
行为分类

▲ 居住空间干湿分区

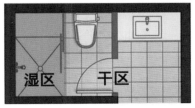

▲ 卫生间干湿分区

7.1.2 居住空间动线设计

微课视频

动线设计

动线一般是指人们的日常活动路线，它根据人的行为方式把一定的空间组织起来。动线设计可以起到划分功能区域的作用。动线设计需要对家庭成员的活动路线进行科学、有序的组织。

1. 居住空间中的3条动线

人在居住空间中的基本动线包括如下内容：由入口进入玄关（脱外套、换鞋、挂包、放雨伞），然后穿过客厅、餐厅，再进入房间（卫生间、厨房、卧室、书房）。

居住空间中的动线主要有访客动线、家人动线和家务动线。

（1）访客动线。

访客动线主要涉及区域：玄关、客厅、餐厅、客卫、景观阳台。

设计要点：访客动线、家人动线及家务动线尽量不互相干扰、不交叉，避免客人来访时影响家人的休息或工作。

访客动线：玄关→客厅→餐厅；客厅→景观阳台；客厅→客卫。

（2）家人动线。

家人动线主要涉及区域：玄关、客厅、餐厅、卧室、卫生间、书房、衣帽间等。

设计要点：家人动线设计要考虑家庭成员的出入是否方便，家庭成员的活动区域私密性较强，还要充分尊重家庭成员的生活习惯及个人需求；设计时要注意合理性与私密性相结合。

起居室动线：玄关→客厅→餐厅→书房。主卧动线：卧室→衣帽间→卫生间。

（3）家务动线。

家务动线主要涉及区域：工作阳台、厨房、储藏室、洗衣间。

设计要点：家务动线设计要流畅、便捷；受户型的限制，在设计时要按照家务顺序合理安排，尊重和满足使用者的习惯，避免路线重复浪费时间，以提高做家务的效率。

工作阳台家务动线：洗衣房（洗衣）→阳台（晾晒、熨烫）→储藏室。厨房家务动线：储藏→洗涤→配菜→烹饪。

2. 动线设计

（1）动线设计具有划分功能区域、分割空间的作用。

（2）动线的设计原则主要是动静分离、布局合理，以家庭活动为中心，对各空间进行合理规划，合理安排设备、设施和家具的位置，保证布局稳定；交通要顺畅，不同动线之间尽量避免重合和交叉；动线设计要简单，过于复杂的动线会造成功能混乱、交叉太多、动静不分及面积浪费。

访客动线	基本不与家人动线和家务动线交叉，以免打扰家人的休息、工作、学习
家人动线	设计要充分满足家庭成员的生活要求，尊重家庭成员的生活习惯
家务动线	避免因路线重复而浪费时间、体力，合理安排家务顺序

▲ 动线设计原则

（3）动线组织的方法。居住空间可以利用固定或活动的家具、隔断来改变空间动线，也可以通过改造建筑布局，拆除非承重墙或改变房门的位置，从而改变居住空间的动线。

3. 动线设计实例分析

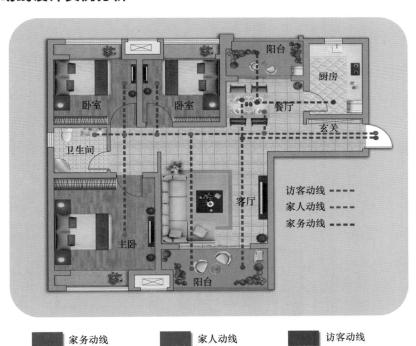

▲ 动线设计实例分析

7.1.3 居住空间设计禁忌

1. 六大禁忌

（1）入口禁忌。一种情况是入口过于开敞，没有遮挡或没有玄关过渡，会造成视觉暴露，私密性差。改进方法是在入口处设

微课视频

居住空间设计禁忌

置屏风阻挡视线，或增设玄关。另一种情况是卧室门、卫生间门正对入口，改进方法是调整门洞的位置或方向。

（2）客厅禁忌。客厅是居住空间内最大的区域，通常客厅的通风、采光、景观都是最好的。客厅要相对独立，至少要有两面完整的墙。客厅若有太多的门，一方面会影响客厅使用的完整性，另一方面会导致房间的私密性较差，从而影响家人的学习与休息。

（3）卫生间禁忌。卫生间需要良好的采光、通风，不宜设在房屋中间区域，同时要避免暗卫；另外，卫生间有异味，不宜靠近入口，也不要对着餐厅、客厅。

知识拓展

入口大门设计禁忌图例

（4）走道禁忌。走道过长会浪费室内空间，走道内的房门要尽量错开，不要门对门。走道不宜设计突出造型或放置过多的物品，否则会影响交通。

（5）厨房禁忌。厨房油烟多、噪声大、有异味，所以不宜安排在不通风的死角。厨房的门不要正对入口或客厅，也不宜与卧室、书房门相对。

（6）卧室禁忌。卧室需要注意私密性，所以卧室门一般不对着客厅、餐厅等公共区域。卧室的窗户也不宜过多、过大，但是又不能没有窗户或窗户过小。卧室的床不宜正对着储藏室或卫生间的门。

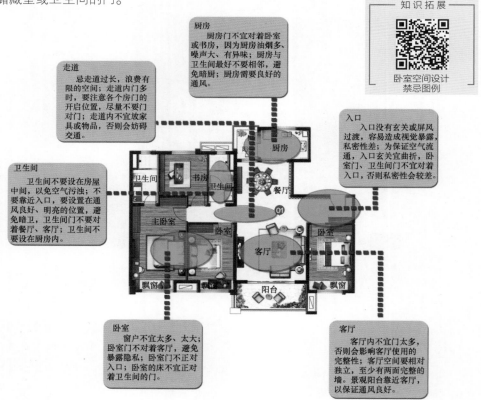

▲ 居住空间设计六大禁忌

2. 户型缺陷优化

居住空间户型缺点优化

位置	户型缺点	解决方案
入口大门	入口大门正对着电梯或楼梯。入户开畅，没有玄关，私密性较差	设置玄关，保护家人隐私
	入口大门对着长走道	在走道尽头墙面设计端景台或墙上做装饰美化
	入口大门对着卫生间的门，私密性差	改变卫生间门的位置，改变方向或移动位置
	厕所门开向客厅和餐厅，私密性差	改变卫生间门的位置
走道空间	走道中两个卧室门对门	改变其中一个卧室门的位置，尽量不要门对门
	卫生间门对着厨房	改变卫生间门的位置，不对着厨房开门
卧室空间	卧室门对着床头，私密性差	改变床头的位置
	卧室床的顶面有横梁压床，使人有压迫感	梁的位置尽量不在床的上方，做吊顶掩盖或改变床的位置、方向
	床头紧贴窗户，影响睡眠、休息	床头宜靠墙壁设置，使人有安全感，避免露空。变换床头的位置或用厚窗帘加遮光窗帘加以遮挡
	床的顶部安装大型吊灯，增加心理压力，对健康不利	空间不是太大、层高不高的卧室避免在床的上方安装大型吊灯，改用吸顶灯或小型灯具，也可以做无主顶设计
其他设计禁忌	大门正对着主卧门，私密性差	增加玄关等遮挡或变换卧室门的位置
	主卫门正对着主卧的床	改变主卫门的方向或将其做成暗门
	家庭人口较多，卫生间只有一个，使用不方便	采用三分离或四分离卫生间，使淋浴室、厕所、盥洗室可以同时使用，增加使用效率

任务实践 居住空间平面优化练习，根据给定的原始室内平面图进行平面优化实践。每位学生选择5个建筑原始结构做平面方案优化。首先对建筑原始结构进行分析，指出原户型的缺点，并说明优化处理结果，然后对户型进行改造，用AutoCAD绘制5套优化对比方案。

任务7.2
居住空间初步方案设计

　　居住空间的全套设计图纸可以分为初步方案设计（平面方案、手绘草图、效果图）和施工方案设计两大类。设计定位及设计概念形成后，再通过构思草图来确定平面优化方案及各空间的细部设计，绘制彩色平面图、效果图来细化、调整、推敲设计方案。效果图分为手绘效果图和计算机效果图，计算机效果图较直观，能清楚地表现最终装修效果，是设计师用来打动客户、让客户认可设计的最佳方法之一。施工图是施工现场用于指导施工人员施工的详细图纸，也是预决算时的配套图纸，是施工过程中最重要的文件之一。

7.2.1 设计定位与设计概念的形成

1. 设计定位

　　正确的设计定位对后续设计方案的制定有指导作用，也是设计方案成功的关键。设计师经过前期设计准备阶段与客户沟通、现场勘察及对收集的相关资料进行分析，可以对设计项目做出合理的设计定位。

　　设计定位包括环境定位、风格定位、功能定位、装修标准定位等内容。设计师首先要与客户进行深入沟通，然后在准确理解客户的设计要求及现场勘察的基础上做出合理的设计定位。

居住空间设计定位

设计定位	内容
环境定位	设计项目所处的周边环境特征、项目背景状况、装修现场室内外空间现有的环境状况
风格定位	通过与客户沟通得知客户的装修要求与期望，先确定装修风格，再确定装修格调、色彩、造型等
功能定位	确定客户对居住空间使用功能特点、使用性质的要求
装修标准定位	与客户商定装修标准。装修标准会涉及材料、设备、界面造型等的选择，设计师需要在设计前期有明确的总预算

2. 设计概念

在了解了客户需求及做出设计定位之后，就要开始构思，形成初步的设计概念。该阶段需要收集大量的参考资料，比如设计规范、相同风格的设计案例，还要研究当前流行的色彩、家具、灯具、软装等，要分析建筑原始结构的优劣，思考优化方案。

设计概念的形成是一个创作的过程。此时需要合理运用各种设计创意思维及设计方法，尝试各种设计手段。所以项目小组成员需要分工协作、互相讨论，各自提出不同的想法和设计思路，设计概念在多次否定与修正的过程中逐渐成熟。在这个阶段设计师还需要与客户多沟通，在设计大方向上与客户达成共识。例如，设计师需要与客户进行充分的讨论和沟通才能选定设计风格。

设计概念形成后，会在接下来的方案设计草图构思中得到进一步深化。确定设计概念时要考虑各个界面的关联性，平面概念方案要考虑与立面的呼应，立面是与顶面相互呼应的，而顶面和地面也会有一些关联。设计过程中的所有资料（包括构思草图）都要

作为项目的原始资料保存好，在设计过程中需要不断地查阅原始资料，以保证设计方向的正确性。

7.2.2　居住空间平面方案设计

平面方案设计是居住空间设计中最重要的一步。通常一份优秀的平面方案不一定很有创意，但一定会全面、系统地思考功能、动线与空间分配，从而使整个方案的动线合理、流畅，空间属性明确、分配合理，每一个空间的使用效率都达到极致，不浪费也不拥挤。居住空间平面方案设计离不开户型，接下来我们来分析户型的好坏。

居住空间的户型好坏关系到居住的舒适度。好户型的特点很多，但基本要达到自然通风良好、光线充足、户型方正、面积合理、布局巧妙、功能齐全、分区明确等标准。

1. 好户型的特点

户型的好坏不单单与面积大小有关，还要看布局是否合理，功能是否完善，各空间比例与布局关系是否恰当。一个好的户型要比例合适、面积合理、布局巧妙、动线不交叉。

比例合适：方正的户型的整体利用率更高，房间合理的长宽比例以长 : 宽 ≤ 1.5 : 1 为最佳。

▲ 形状不规则的户型

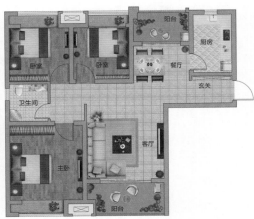

▲ 比例合适的户型

面积合理：房间的面积与开间、进深有关。如果进深太深，开间狭窄，则不利于采光、通风。"开间"是指房间的宽度，客厅的开间为5～6m，卧室的开间一般为3～3.9m，厨房的开间为1.7～1.9m。"进深"是指房间的长度，一般控制在5m左右。以两室两卫的普通公寓房为例，客厅和餐厅的总面积为30～40m²，卧室的面积为12～15m²，卫生间的面积为4～5m²，厨房的面积为8～10m²。

布局巧妙：景观阳台靠近客厅，卫生间靠近卧室，厨房靠近餐厅，工作阳台靠近厨房，卫生间门不开向餐厅与客厅等。

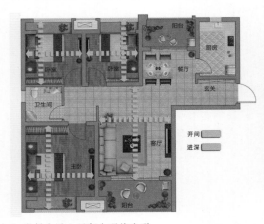

▲ 比例合适、面积合理的户型

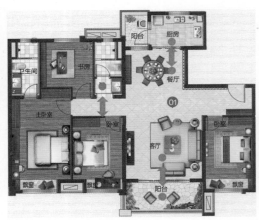

▲ 布局巧妙的户型

采光充足：卧室、客厅、厨房、卫生间等空间需要有窗户直接采光，以保证明厨、明卫、明厅设计。

通风流畅：客厅、餐厅与景观阳台或大面积的玻璃窗相连，形成良好的通风，以保证室内空气清新；既要保证明厨、明卫，又要有窗户通风、换气，及时排出油烟、异味。

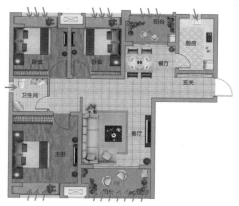
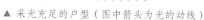

▲ 采光充足的户型（图中箭头为光的动线）

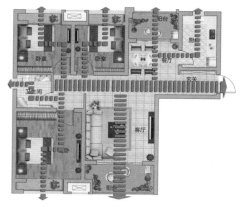

▲ 通风良好的户型（图中箭头为风的动线）

分区明确：不同的功能要对应不同的空间，功能分区不仅要清晰、明确，还要做到公私分区、动静分区、干湿分区。

2. 朝向

朝向会影响采光、通风等环境因素。朝向的选择与地域、地形、风向及周边道路有关，不同地区和城市的朝向也存在一定的差异。例如，北京的最佳朝向是南偏东30° 至南偏西30° ，而昆明的最佳朝向是南偏东25° ～56° 。居住空间的主卧、客厅或餐厅一般设置在朝向比较好的位置。

知识拓展

户型的朝向优劣排序表

微课视频

居住空间平面布局

7.2.3 平面布局优化案例

居住空间平面布局优化是对原建筑结构的优劣做出分析，并在此基础上提出改进的方案。下面用几个案例来说明平面布局优化的过程。

1. 户型1改造方案

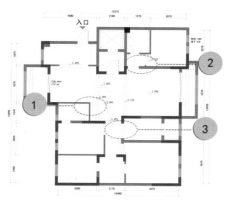

▲ 原始结构平面图

▲ 优化后的平面图

户型缺点

❶ 卫生间使用效率不高，需要改造。

❷ 儿童房空间较小。

❸ 卧室区域走道过长；主卧和书房采光不好。

户型优化

❶ 卫生间干湿分离，洗脸盆单独设置在卫生间外，充分利用走道空间。洗手与如厕互不干扰，提高使用效率。

❷ 外移儿童房的房门，增大儿童房空间。

❸ 缩短卧室区域的走道长度。拆除靠窗户的墙体及右边墙体，打通书房与卧室，使空间更具流动性。

2. 户型2改造方案

▲ 原始结构平面图　　　　　　　　　▲ 优化后的平面图

户型缺点

❶ 入口处无遮挡物，私密性差，对室内一览无余。

❷ 主卧及次卧的门正对入口，私密性差；主卧缺少储物空间。

❸ 客厅墙面比较窄，电视背景墙的主立面与沙发偏移。

户型优化

❶ 在入口处放置屏风或设置玄关，遮挡视线。

❷ 调整主卧入口，主卧改从书房进入，主卧与书房连通，增加主卧的私密性；完善更衣间，增加储物空间。

❸ 延长客厅的电视背景墙，使电视背景墙更完整。隐藏次卧入口，增加私密性。

7.2.4　手绘草图

　　手绘草图主要是设计师在设计构思和创作阶段所勾画的草稿，是设计过程中设计师设计思想的表现。手绘效果图一般用于与客户交流的过程中，让客户对设计师的设计思路有一个相对直观的认识。手绘草图与手绘效果图的优点是快速表现结果，因此手绘的要点是熟练表达设计思想与快速表现效果，而不在于精细。

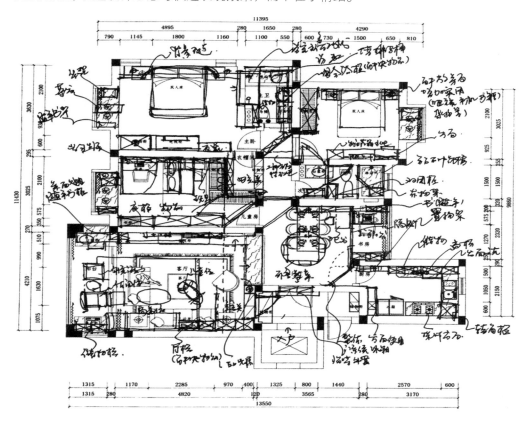

▲ 手绘平面草图　蔡旭东

7.2.5　电脑彩色平面图

　　平面图是指用平面的方式展现空间的布置和安排。常用的平面图绘制软件有中望CAD、天正CAD、AutoCAD等。

　　彩色平面图是居住空间设计的一种表达手段，在黑白平面图的基础上，利用Photoshop快速填充色彩，绘制出能清晰表达平面布局、材质、家具、动线等设计内容的图纸。彩色平面图也是初步设计方案的图纸之一。

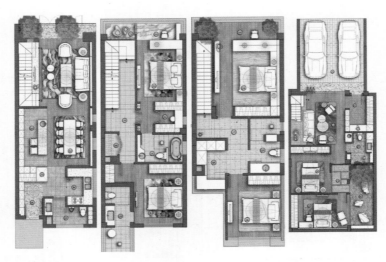

▲ 彩色平面图

室内设计彩色平面图
制作教程

彩色平面图图集

7.2.6 效果图设计

效果图设计是在平面设计的基础上，把装修后的预想效果用透视图的形式表现出来。彩色效果图能够更加真实地表现出装饰后的色彩与材料，对选材和施工的表现有帮助作用。但是效果图只是预想图纸，不是最终的装修效果。在实际工程施工中，由于受工艺及材料的限制，效果图所表现的部分效果很难达到，效果图只能用作装修效果的参考。

效果图分为手绘效果图和计算机效果图。手绘效果图的优点是快速表现，但不好修改。而计算机效果图的优点就是逼真，方便多次修改，能够非常写实地表现装修效果。

1. 手绘效果图

手绘效果图是在透视图的基础上，对所要表现的建筑物、室内空间或其他物体进行艺术处理，如渲染上色，添加植物、家具等配景，目的是使其更为生动和具体。手绘效果图可以选择水彩、彩铅、马克笔等工具来表现。手绘效果图是设计师与客户进行沟通的一种手段，所以手绘能力是设计师必须具备的一项非常重要的基础能力。

▲ 手绘效果图（水彩加彩铅）周晓

▲ 手绘效果图（马克笔）周晓

知识拓展

居住空间手绘效果图

知识拓展

用Procreate软件绘制
手绘效果图

2. 计算机效果图

计算机效果图能够真实、直观地表达细节与最终装修效果，能表现逼真的空间效果，突出和美化空间效果，方便修改。业主通过计算机效果图能够清楚装修后的最终效果。如果对局部设计方面提出修改意见，还可以替换色彩、材质、家具，从而做到快速修改、缩短设计流程。因此，计算机效果图也是装饰公司打动业主的最佳方式。

计算机效果图是通过计算机三维仿真软件技术来模拟真实环境的高仿真虚拟图片，主要功能是将立面图用三维化、仿真化表现，主要通过高仿真的制作，来检查设计方案的细微瑕疵或进行项目方案修改的推敲。

计算机效果图绘制软件有SketchUp、3ds Max、V-Ray、Maya等。这些软件功能丰富，并且用其绘制的效果图十分逼真；缺点是有些软件的掌握过程与制作效果图所用的时间较长。

除了这几种常用软件，目前家装公司为了快速完成效果图，会在平台上使用模块化设计，比较流行的家装设计平台有酷家乐等。

▲ 客厅效果图　张辰昕（学生习作）

3. 鸟瞰图

鸟瞰图是根据透视原理，从高处某一点俯视地面绘制而成的立体图像。它比平面图更具真实感。居住空间的彩色鸟瞰图可以用3ds Max软件绘制，也可以用酷家乐绘制。鸟瞰图能直观地表现出居住空间设计的整体状况，是初步设计方案的一种很直观的表现手段。

知识拓展

学生课程作业展示

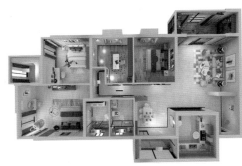

▲ 鸟瞰图 王健（学生习作）

学生鸟瞰图图集 企业效果图设计图集

7.2.7 设计说明

设计说明是对整个项目概况以及图纸概况的全面说明。要求我们首先对项目框架有个初步认识，然后着眼具体细节的描述。

设计说明主要包括以下内容。

（1）项目背景的描述。

（2）整体设计风格及设计元素、设计特色等的描述。

（3）平面功能及设计优化改造说明。

（4）分区域设计特色及亮点的描述。

> **任务实践**
>
> 1. 选择一张建筑原始结构平面图，完成5个方案的优化练习，取其中一个较优秀的优化后的平面方案，绘制彩色平面图，表现形式不限，计算机绘制或手绘均可。
>
> 2. 绘制彩色立面图，计算机绘制或手绘均可，使用的软件及表现形式不限。
>
> 3. 设计效果图，计算机绘制或手绘均可，使用的软件及表现形式不限。

居住空间设计

（项目式）（微课版）（第2版）

项目总结

通过本项目的学习，我们要掌握居住空间功能和动线分析，以及居住空间平面优化设计的方法。在整个设计项目实训过程中，我们应熟悉设计定位与设计概念的形成过程；掌握居住空间平面设计要点；掌握居住空间初步方案的设计方法，学会用草图、效果图、鸟瞰图表达设计思想。

思考与练习

一、多选题

1. 好户型有哪些特点？（　　　　）
   A.比例合适　　　　B.面积合理　　　　C.布局巧妙　　　　D.动线交叉
2. 居住空间可以分为哪4类空间？（　　　　）
   A.公共空间　　　B.私密空间　　　C.储藏空间　　　D.家务空间　　　E.交通空间
3. 居住空间要合理布局、分区明确，通常有哪些分区？（　　　　）
   A.动静分区　　　B.干湿分区　　　C.公私分区　　　D. 访客分区
4. 居住空间可分为哪六大区域？（　　　　）
   A.休息睡眠区　　B.休闲娱乐区　　C.烧煮餐饮区　　D.工作学习区　　E.储藏家务区
   F.会客接待区　　G.盥洗卫浴区
5. 以下属于静区的场所有哪些？（　　　　）
   A.卧室　　　　　B.书房　　　　　C.更衣间　　　　D.餐厅
6. 以下属于动区的场所有哪些？（　　　　）
   A.客厅　　　　　B.餐厅　　　　　C.厨房　　　　　D.景观阳台　　　E.书房

二、填空题

1. 户型的朝向会影响＿＿＿＿＿＿＿＿、＿＿＿＿＿＿＿＿。一般来说，朝向的优劣排序为＿＿＿＿＿＿＿＿、＿＿＿＿＿＿＿＿、＿＿＿＿＿＿＿＿、＿＿＿＿＿＿＿＿、＿＿＿＿＿＿＿＿、＿＿＿＿＿＿＿＿。

2. 居住空间要合理布局、分区明确，通常有＿＿＿＿＿＿＿＿、＿＿＿＿＿＿＿＿和＿＿＿＿＿＿＿＿3种分区。

3. 居住空间中的动线主要有＿＿＿＿＿＿＿＿、＿＿＿＿＿＿＿＿和＿＿＿＿＿＿＿＿，这3种动线应尽量避免重复交叉。

知识拓展

平面优化设计案例

家装平面户型方案
优化技巧

家装公司常用的
家装设计软件

设计说明案例

项目8
施工方案设计

知识目标

1. 了解施工图的设计原则及内容
2. 掌握施工图绘制标准及绘制规范
3. 提高绘制施工图的速度
4. 了解家装工程施工合同
5. 了解装饰材料的种类、特点、价位，掌握家装预决算编制

能力目标

1. 掌握居住空间设计家装工程的预决算
2. 具备家装设计和项目管理等实践动手能力
3. 具备沟通、谈判能力和对客户设计需求的分析能力
4. 培养设计师岗位家装设计与施工管理能力

素质目标

1. 通过具体的设计任务训练，培养创新创业能力
2. 树立专业信仰，培养工匠精神
3. 培养良好的诚信道德与品质
4. 培养爱岗敬业的工作作风，强化社会责任心

思维导图

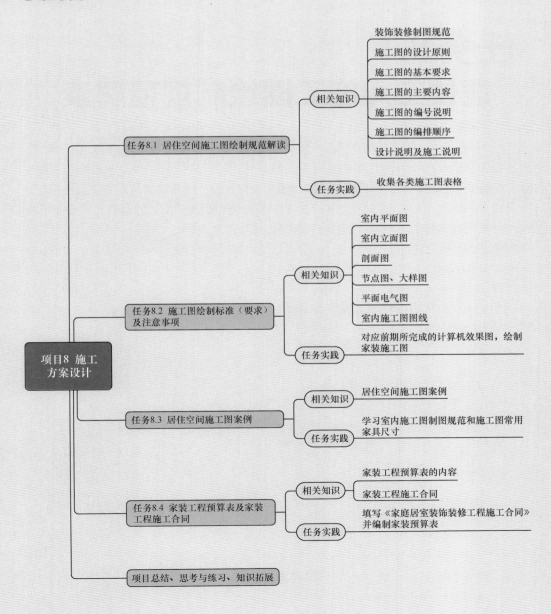

在施工方案设计阶段，我们要学习施工图的设计原则及具体设计内容、施工图绘制标准和规范、家装工程的预决算等知识，学会运用设计软件绘制施工图，熟悉装饰材料的种类、特点、价位，并完成家装工程的预决算。

> **课前准备**
>
> 1. 通过网络收集施工图案例等参考案例，了解居住空间施工图绘制要求。
> 2. 收集装饰材料与施工工艺相关资料，分析居住空间装修材料与施工工艺。
> 3. 考察装修现场、装饰市场、材料市场。

任务8.1
居住空间施工图绘制规范解读

施工图是在初步设计方案的基础上进行深化，经反复推敲、修改，最后形成的正式、规范的图样。效果图只反映施工完成后的大概效果，而施工图是在施工过程中具体指导施工的工程用图。施工图是施工过程中最直接的参照图纸，需要详细介绍结构要求、材料构成及施工工艺要求等内容，要用图纸的形式将这些内容交代给施工人员，以便准确、顺利地完成施工工程。在施工时，必须按照甲方、设计师、装修公司共同认可的施工图来执行。

8.1.1 装饰装修制图规范

制定装饰装修制图规范的目的是保证制图质量及提高制图效率，施工图要完整、清晰、简明、准确，要符合设计规范、工程施工、档案保存的要求。为了便于沟通与管理，应严格遵守国家相关建筑制图规范制图，绘制施工图时要求所有图面的表达方式尽量与国家相关建筑制图规范保持一致。

室内施工图通常沿用建筑制图标准，遵照中华人民共和国住房和城乡建设部颁布的《房屋建筑制图统一标准》（GB/T 50001—2017）、《总图制图标准》（GB/T 50103—2010）、《建筑制图标准》（GB/T50104—2010）、《房屋建筑室内装饰装修制图标准》（JGJ/T 244—2011）等规定。

知识拓展

《房屋建筑制图统一标准》（GB/T 50001—2017）

8.1.2 施工图的设计原则

施工图以完整、准确地表达设计意图为原则，设计师在绘制施工图时要非常严谨，施工图的尺寸、表述、图例都要精确，不能出现任何差错。因为施工图一旦出错，不仅会造成工期延误，还会浪费人工与材料，从而给企业带来直接经济损失，同时给施工带来很大的麻烦。设计师要以认真负责的态度对待施工图设计与绘制。

施工图设计是设计师的重要工作之一，因此熟练掌握施工图的绘制方法是设计师的一项基本技能。

8.1.3 施工图的基本要求

施工图不仅要严格遵守国家制定的制图规范，精确标注详细的尺寸，还需要对材料、设备、电气等进行详细的说明。每张图纸须用图框打印，包含图名、图号、比例、时间及设计师、审核人的签字等内容，打印时还应按相应比例出图。绘制施工图时还应密切结合电气、给排水、暖通、空调等其他相关内容。

8.1.4 施工图的主要内容

家装设计施工图主要由图纸封面、图纸说明、图纸目录、平面图、立面图和节点大样图等构成。整套施工图需有图纸封面、图纸说明、图纸目录。图纸封面需注明工程名称、图纸类别（施工图、竣工图、方案图）、制图日期。图纸说明需进一步说明工程概况、工程名称、设计单位、施工单位等内容。图纸目录应按照各部分内容的顺序编制。

家装设计施工图的设计内容包括室内设计的平面图（平面布置图、天花平面图、地花图）、立面图、剖面图、构造详图（天花构造详图、地花放样图、隔墙构造详图、特殊造型构造详图）、家具详图、门窗详图和装修设计总说明及材料列表等。图纸内容与数量根据工程的复杂程度进行增减。

8.1.5 施工图的编号说明

图纸文件名按照"专业图纸流水号"编制。编号从01、02、03、04至N，修改次数编号从A、B、C至Z。总平面图的编号为ZP；区域空间平面图（天花平面图、墙体定位图、地材铺装图、立面索引图）的编号为P；立面图的编号为E；详图（剖面图、大样图）的编号为D。

8.1.6 施工图的编排顺序

施工项目的大小与复杂程度虽然各有不同，但图纸编排顺序是有统一规定的。一套完整的家装设计施工图编排顺序如下。

知识拓展

施工图纸目录表

施工图的编排顺序

图纸名称		内容
封面		项目名称、业主名称、设计单位、成图依据等
目录		项目名称、序号、图号、图名、图幅、图号说明、图纸内部修订日期、备注等
文字说明		项目名称、项目概况、设计依据、设计规范、常规做法说明
图表		材料表、门窗表（含五金件）、家具表、灯具表、洁具表等
平面图	总平面图	总平面图用于说明建筑的总体平面布局关系，也可作为分区平面图的索引。总平面图包括总建筑隔墙平面图、总家具布局平面图、总地面铺装平面图、总天花造型平面图、总机电平面图等内容
	分区平面图	分区平面图就其体现的具体内容可以分为以下几种（根据具体设计项目的复杂程度不同可有所增减）：建筑原始结构平面图、墙体改建平面图、平面布置图、地面铺装材料平面图、家具布置平面图、陈设绿化布置图、立面索引平面图、顶面造型平面图、顶面灯具位置平面图、插座布置平面图、开关平面图等
立面图		装修立面图、家具立面图
节点图、大样图		构造图、图样大样等
配套专业图纸		风、水、电等相关配套专业图纸

装修主材材料表

机电图例表

8.1.7 设计说明及施工说明

室内装饰施工图设计说明

设计说明主要包括设计理念、设计定位、设计风格、空间布局、空间改造与调整以及每个区域的界面造型、色彩、材质等内容。

施工说明主要包括工程概况、工程名称、业主、施工单位、设计单位、设计依据及施工要求等内容。

任务实践　施工图中有各种表格，主要包括图纸目录表、材料表、门窗表、洁具表、家具表、机电图例表、灯具表、艺术品陈设表等，如知识拓展二维码中的示例。上网收集更多此类施工图表格。

任务8.2
施工图绘制标准（要求）及注意事项

8.2.1　室内平面图

平面图就是假想用一水平的剖切面沿门窗的位置将房屋剖切后，从上向下投射在水平投影面上所得到的图样。剖切面从下向上投射在水平投影面上所得到的图样为天花平面图。

1. 平面图表现的内容

平面图主要表现空间的平面形状和内部的分隔尺度，重点表现室内空间的规划，以及对各功能区域、动线组织、门窗位置、顶面灯位、地面铺装、家具布置、装饰陈设、设备安装等内容进行说明。

平面图表现的内容如下。

（1）标明室内建筑结构及尺寸，包括居住空间的建筑尺寸、净空尺寸、门窗位置及尺寸。

（2）标明装饰结构的具体形状和尺寸，装饰结构的位置，装饰结构与建筑结构的关系与尺寸，装饰面的形状及尺寸。

（3）标明装饰材料的规格和工艺要求。

（4）标明室内家具的规格和要求，设备、设施的具体位置和尺寸。

（5）标明装修布局的尺寸关系。

平面图的用途

序号	名称	用途
1	建筑平面图	标注现有建筑平面（承重墙、非承重墙）、新增建筑隔墙、现有建筑顶部横梁与设备等的状况
2	地面铺装材料平面图	确定地面不同装饰材料的铺装形式与界限，铺装材料的开线点（即铺装材料的起始点），异形铺装材料的平面定位及编号，并表示地面材质的高差
3	家具布置平面图	用于家具位置的确定，包含固定家具、活动家具、到顶家具等几种类型

续表

序号	名称	用途
4	陈设绿化布置平面图	在平面布置图中确定陈设、绿化等的位置、形状与大小
5	立面索引平面图	表示立面及剖立面的指引方向
6	天花造型平面图（顶面图）	表示天花造型起伏高差、材质及其定位
7	天花灯具位置平面图（灯位图）	定位灯具
8	地面机电插座布置平面图（插座图）	确定地面插座及立面插座开关等的位置
9	机电开关连线平面图（开关图）	开关控制各空间灯具的连线平面图
10	天花综合设备平面图	确定烟感、喷淋、空调风口等设备的位置，以及下水管道、暖气等设备的位置

▲ 平面图的具体用途

2. 建筑平面图

建筑平面图可以分为建筑原始结构平面图、墙体改建平面图等。

（1）建筑原始结构平面图。

建筑原始结构平面图是设计师经过现场勘测后，精准反映现有建筑空间结构的图纸。建筑原始结构平面图是绘制装修设计与施工图的基础，绘制时只表达拟装修空间的真实面貌，运用简练的标注来概括性地反映建筑空间结构。

（2）墙体改建平面图。

墙体拆除平面图与墙体新建平面图可以合为一张图纸，称为墙体改建平面图，用于记录对原建筑结构不合理的墙体及空间进行的改动。

墙体改建平面图需要标出原建筑墙体、新建的墙体、拆除的墙体、填补的门洞、新开的门洞，并在图框中标出图例，以示区别。墙体改建平面图还需标明改建墙体的尺寸、材质、厚度，并用文字注明"现场墙体拆除如与施工图不符则按实际结构变更（承重墙勿动），由设计师现场确定"。遇见不可拆除的承重结构及墙体时，由设计师到现场处理施工现场与图纸不符的情况。

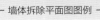

知识拓展

墙体拆除平面图图例

知识拓展

墙体新建平面图图例

3. 平面布置图

平面布置图是方案设计阶段最重要、最核心的图纸之一，用来体现改建后的建筑结构，是传达设计理念、表现使用功能的图纸。平面布置图中的功能区域、交通组织及家具位置要与客户商量后确定。

平面布置图可以用一张整体的图纸表达，也可以拆分成地面铺装材料平面图、家具布置平面图、立面索引平面图等多张图纸。

知识拓展

平面布置图图例

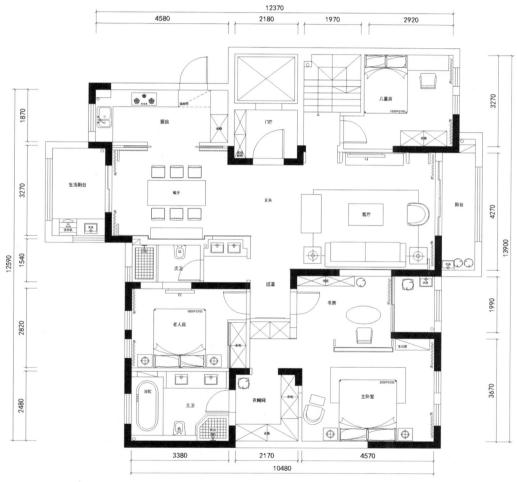

PLAN
一层平面图　　SCALE:1/80

▲ 平面布置图　顾锋

（1）地面铺装材料平面图。

地面铺装材料平面图也称地坪材料图，主要表现地面材料的铺装形式与范围、材质、色彩、图案及文字说明，以确定材料的开线点（即起始点），以及不同材料的平面定位和编号。

（2）家具布置平面图。

家具布置平面图是总平面图的细化，主要对家具及设备的具体形状、尺寸、位置进行详细标注及文字说明。

（3）立面索引图。

立面索引图主要标注立面及剖立面的索引符号、指引方向，帮助人们在图册中快速、精准地找到对应的立面施工图。例如，下图中门厅的4个立面分别是E1、E2、E3、E4，而这4张立面图分别在EL-01、EL-02编号的立面图中。

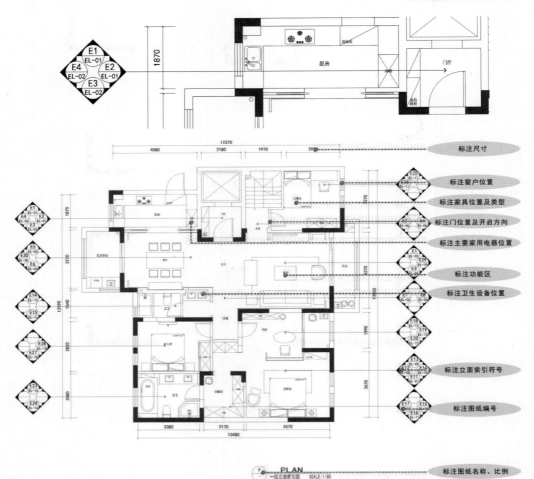

▲ 立面索引图 顾锋

4. 顶面平面图

顶面平面图也称为天花平面图，指剖切后从下向上投射在水平投影面上所得到的图样。顶面平面图除了需要绘制装饰造型与标注材料以外，还需有照明、空调、消防等相关设计内容。

顶面平面图还可以分拆为顶面造型平面图、顶面放样图、顶面灯位图等图纸。顶面造型平面图的主要内容包括顶面的造型结构、详细尺寸、装饰材料、颜色、工艺等；标出同平面相应的墙体；标出文字、尺寸、标高及灯具；标注空调设施的具体位置；标注射灯、吸顶灯、筒灯、吊灯等灯具的位置；标注顶面剖切符号，另附天花剖面图；附注灯具及设备图例。图纸下方还需标注图纸名称、编号及比例。

顶面放样图主要标注顶面造型的详细、准确的尺寸。顶面灯位图主要标注灯具的尺寸及具体的安装位置。

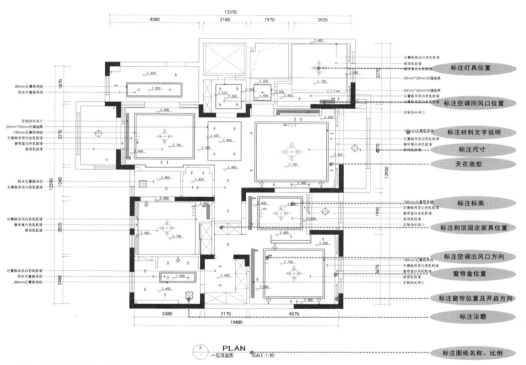

▲ 顶面造型平面图　顾锋

知识拓展

顶面造型平面图图例

知识拓展

顶面放样图图例

知识拓展

顶面灯位图图例

5. 平面图绘制的注意事项

（1）比例：平面图绘制的常用比例有1:50、1:100、1:150等。

（2）图例及符号：图例及符号依据国家制图标准，图块比例要正确。

（3）图线：平面图根据所表现的内容，区分线条的粗细；通常画框的外框及建筑外轮廓用粗实线绘制；墙体及承重结构用粗线，墙体用闭合线；门窗轮廓用中粗线绘制；家具的轮廓用中实线绘制；填充线、尺寸线、尺寸界限、索引符号、标高符号、分格线等用细实线绘制。制图时尽量规范使用线型，使图纸更加清晰、丰富。

（4）定位轴线：平面图需要有对定位轴线及其编号的描述。

（5）门窗：建筑图纸对门窗都有编号，平面图中可以根据需要对门窗另行编号，使图纸表达的内容更详细。

（6）尺寸标注：施工图的尺寸应尽量详细、准确；需要标注的尺寸主要有外形尺寸、结构尺寸、轴线尺寸、定位尺寸、地坪标高等；标注尺寸、尺寸线至少为二级标注。

（7）文字标注：施工图除了有图例，还需有文字标注，对材质、材料编号、标高、功能区域及各种索引符号进行简要、准确的文字描述。

8.2.2 室内立面图

室内立面图指以平行于室内墙面的切面将前面部分切去后，所得到的正投影。室内立面图主要用于表现空间主体结构中竖直立面的装修效果。立面图清晰地反映了室内立面装修构件的尺寸、材料、工艺等，从而满足材料和施工的要求。

如果使用装修公司现场制作的家具，设计师需要在立面图中详细地绘制家具的样式、工艺、材料、尺寸及纹理。如果使用客户自购的成品家具，设计师只需在效果图中表现出家具的基本造型、颜色和设计风格，在立面图中标出摆放位置，并标明由客户自购即可，不用详细标注材料及施工工艺。

1. 室内立面图的主要内容

（1）标明墙柱、门窗的造型，楼板、梁及吊顶的造型及尺寸。

（2）标明家具、陈设（植物、壁灯、吊灯等）在立面上的正投影。

（3）标明主要家电（冰箱、洗衣机、空调）的位置与尺寸。

（4）标注翔实的尺寸，包括总高尺寸、定位尺寸、结构尺寸等，标明室内吊顶装修的尺寸。

（5）标注装饰材料的名称、色彩、材质、尺寸及厚度等文字说明；标注对细部做法、内部构造、材质要求、施工工艺要求、施工要点等的文字说明。

（6）标注图名、比例等；标注轴线符号、剖面符号、索引符号等。

2. 室内立面图绘制的注意事项

（1）室内立面图要与平面图、效果图的内容相符合。室内立面图一般绘制在局部平面图的下方，侧立面图或剖面图可放在所绘制的立面图的一侧。

知识拓展

家装立面图图集

（2）比例：室内立面图的常用比例为1:20、1:30、1:40、1:50、1:100等。

（3）定位轴线：室内立面图的中轴线号与平面图相对应。

（4）图线：室内立面图根据内容采用粗细不同的线条表示，立面外轮廓线为粗实线；门窗洞、立面墙体的转折等可用中实线绘制；装饰线脚、细部分割线、引出线、填充等内容可用细实线；客户自购家具及艺术品立面应以虚线表示。

（5）详细标注装饰材料的名称、色彩、材质、尺寸等文字说明。

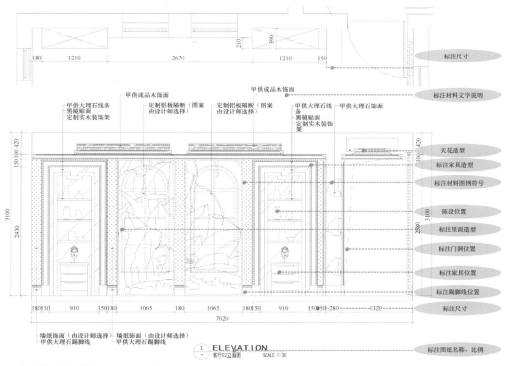

▲ 客厅立面图　顾锋

8.2.3 剖面图

假想用一个垂直的剖切平面将室内空间垂直切开，剩余部分向投影面投影，所得的剖切视图即为剖面图。

1. 剖面图的表现内容

剖面图可将室内立面、吊顶、地面装修材料的结构、轮廓明确地表示出来，是绘制节点图、大样详图的基础。剖面图的图形绘制细致、标注详细，为后续的节点、大样详图的绘制提供翔实的尺寸。

2. 剖面图绘制的注意事项

（1）比例：剖面图的常用比例为1:20、1:30、1:40等。

（2）图例符号：剖面图的比例较小，门窗、机电位置可用图例表示，符号索引的绘制依据国家制图标准。

（3）定位轴线：剖面图的中轴线与平面图相对应。

（4）图线：根据内容使用粗细不同的线条，通常粗实线用于绘制顶面、地面、墙面的外轮廓线；中实线用于绘制立面转折线、门窗洞口等；填充分割线可用细实线绘制；活动家具及陈设可用虚线表示。

（5）尺寸标注。高度尺寸标注包括标注空间总高度、门高度、窗户高度、各种造型的高度、材质转折面高度及开关、插座的高度。水平尺寸标注包括注明承重墙、柱的定位轴线的距离尺寸，门、窗洞口的间距及造型、材质转折面的间距。

（6）文字标注：注意材料文字或材料编号文字不要超过尺寸标注界线，剖面图编号需要与平面索引相对照，标注图名及图纸比例。

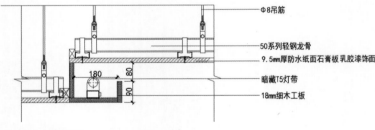

▲ 吊顶剖面图①

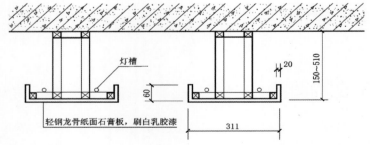

▲ 吊顶剖面图②

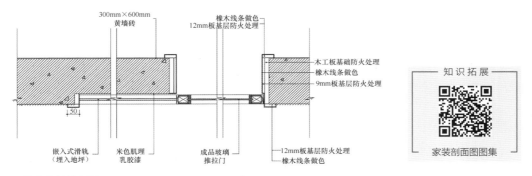

▲ 卧室移门剖面图

8.2.4 节点图、大样图

节点图是表现构造细节的图纸，把重要的局部细节放大，描绘详细的结构。

大样图是把节点图无法表达的细节内容再进行放大绘制，表达得更加清晰，绘制的内容更加详细。

1. 节点图、大样图的表现内容

节点图、大样图用于表现详细的装饰构造与施工工艺，各界面的衔接方式，界面的收口、封边；标注详细的装饰构造细部的尺寸、材料及文字说明。

2. 节点图、大样图绘制的注意事项

（1）比例：节点详图依据节点大小及繁简程度，一般采用1:1、1:2、1:5、1:10、1:20、1:25、1:30、1:50等比例。

（2）材质图例：材质图例依据国家制图标准确定。

（3）图线：注意图线的粗细变化，轮廓用粗实线绘制，材料或内部形体的外轮廓用中实线绘制，材质填充用细实线绘制。

（4）尺寸标注与文字标注：文字说明与尺寸标注应尽量准确、详尽。

8.2.5 平面电气图

平面电气图主要包括开关点位图、强电点位图（插座图）、弱电点位图（网络、有线电视图）及水路示意图等。

1. 开关点位图

开关的作用是切断和接通电源，其种类繁多，主要有单控开关、双控开关、转换开关、延时开关、感应开关等。开关一般离地1 350mm，离门框边100~150mm。安装开关时应考虑使用方便，不宜将开关装在门的背后。家装中最常见的开关就是单控开关及双控开关。

（1）单控开关。这类开关指一个开关控制一件或多件电器，可分为单联单控、双联单控、三联单控、四联单控等形式。

（2）双控开关。这类开关指两个双控开关控制一个线路上的灯，可分为单联双控、双联双控等形式。双控开关主要是为了使用方便，一般用在走道、楼梯口及卧室。例如卧室的主灯一般采用单联双控开关，在床头和门口两处各设置一个单联双控开关，这两个开关都可以控制卧室主灯。

（3）转换开关。比如，客厅的灯比较多，在看电视时不需要全部打开，而客人来访、阅读时需要全部打开，这时可在客厅装上转换开关，按一下开关，其中一部分灯被打开；按第二下，全部灯都被打开。

（4）延时开关。这类开关一般适合在楼梯间或卫生间使用，例如卫生间的排气扇如果用延时开关，可以在按下开关几分钟后才自动关闭。市场上有声光延时开关、触摸式延时开关等，有些延时开关同时具有感应功能。

知识拓展
开关、插座图例

（5）感应开关。这类开关里装有感应器，有人靠近时，开关感应到声音或震动后，灯将自动亮起；人离开后，过几分钟开关会自动关闭。感应开关适合装在走道、卫生间或楼梯等位置。市场上有人体感应开关、红外线感应开关、光电感应开关、电磁感应开关、微波感应开关等。

2. 强电点位图（插座图）

居住空间的插座主要包括电源插座、电视插座、电话插座和网线插座等。强电点位图主要标注电源插座，弱电点位图标注电视插座、电话插座和网线插座。

知识拓展
强电点位图图例

知识拓展
弱电点位图图例

电源插座用于给家用电器提供电源接口，需要根据电气设计规范及客户对日常电源接口的使用需求，合理安排和布置插座。

插座一般离地面300mm，且不低于200mm；卫生间、厨房的插座高度根据需要另定，挂壁式空调插座一般装在空调预留孔上方100mm处；煤气表附近150mm不可以安装插座。

空调、电热水器的电流较大，启动时会影响家中其他电器，因此空调、电热水器插座需要从配电箱单独设置一个回路。安装卫生间、开放阳台插座时要考虑安全因素，可用带盖子的防水插座。马桶边上需要预留插座，方便智能马桶盖的使用。卫生间台盆边上预留插座，方便电吹风的使用。

知识拓展
消防、空调、弱电图例

3. 水路示意图

室内给水排水工程就是在保证水质、水压、水量的前提下，将净水经室外给水总管引入室内，并分别送到各用水点。水路示意图主要标注冷、热水的水管布置及出水口位置。

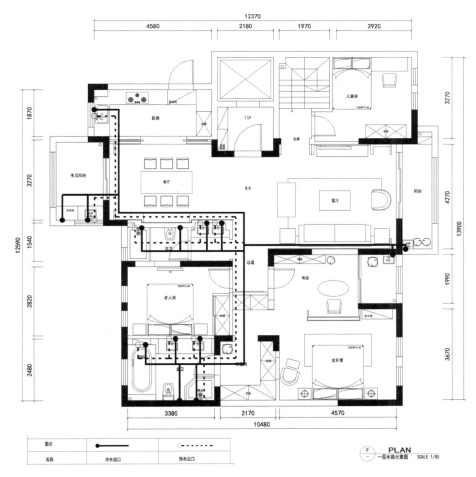

▲ 水路示意图　顾锋

8.2.6　室内施工图图线

施工图的图线粗细不同，可以参考本项目结尾的知识拓展——建筑室内装饰装修设计线型及比例。

任务实践　对应前期所完成的计算机效果图，绘制家装施工图。

任务8.3
居住空间施工图案例

　　在进行家装施工图设计时，平面图用于表达空间的功能布局和交通分布，具体的图纸数据和施工细节还需要通过立面图、剖面图来表现。在立面图中，应详细标注家具或造型的实际尺寸，为后期的施工提供图纸依据。当造型复杂或需要局部细节展示时，需要用详细的剖面大样图来表现。下面介绍一个完整的施工图案例，方便大家深入学习施工图设计。

任务实践　学习室内施工图制图规范和施工图常用家具尺寸。

知识拓展

室内施工图制图规范

知识拓展

施工图常用家具尺寸

任务8.4
家装工程预算表及家装工程施工合同

　　有的家装公司在平面图完成后就开始做装修工程预算，但这样的预算会不太准确。最好是设计师与客户确定家装设计方案后，将设计方案绘制成精确的施工图，在完成施工图的基础上制定一份合理的家装预算表，并与客户签订家装工程施工合同。

8.4.1 家装工程预算表的内容

预算表也是家装施工合同的附件之一，家装工程预算表中的辅材、主材及人工通常为议价，由装修公司内部统一制定报价清单，设计师依据公司的报价清单确定价格。一份规范的预算表包含主材费用、辅材费用、人工费用等项目，还包括预算说明、工艺说明、材料说明和验收标准等内容。

在制定预算表之前，设计师首先要与客户就工程量大小、项目的数量、涉及的装修材料的品牌和型号等细节做详细沟通，因为这些内容都要体现在家装工程预算表中。其次，确定主材的品牌、价位、规格、款式、数量、等级以及提供方，这些内容也需要在预算表中进行明确的约定。

（1）装修预算表的内容：一般分为主材费用、辅材费用、人工费用三大块，预算表中要有详细的材料标注。

（2）序号、项目名称：结合图纸仔细列出将要施工的项目，尽量不缺项和漏项。

（3）工程量：设计师依据实地测量后的图纸计算出准确的工程量，数据尽量准确；如果预算不够准确，会导致决算时超过预算金额太多而不被客户接受，所以一般合同会规定预算金额计算误差在5%～10%，增加项目及变更项目除外。

（4）单位：使用比较明确的计价单位，尽量不要用笼统的计价单位，否则在结算时容易产生争议。

（5）辅材单价：辅材是指由装修公司提供的材料，要标明材料品牌、尺寸等详细内容。

（6）主材单价：主材是装修工程中花费最多的项目，其金额的准确性直接影响到装修的总支出，所以一定要认真核实。由客户提供的材料，在报价单中要明确说明由甲方提供；由装修公司提供的主材或辅材，要注明材料品牌、型号、尺寸、等级、价格等，尽量详细表述，因为不同品牌、不同等级的材料、商品的价格相差较大，防止施工与结算时与客户产生争议。

（7）施工工艺：工艺的复杂程度会影响人工费用，所以要写明施工工艺及做法，例如乳胶漆项目，写上一底两面或一底三面，就是对施工工艺的详细说明。

（8）人工单价：人工单价要事先约定，因为施工过程会出现返工或加项的情况，施工项目中要写清楚人工单价。

（9）其他约定：在半包情况下，约定的内容需要在预算表中详细写明，不能含糊。

（10）除了写明以上按工程量计算的费用，预算中还需明确设计费、管理费、垃圾清理费、材料搬运费、税金等费用。

❶ 设计费：用来支付给设计师的费用，一般占装修预算总额的2%～5%。

❷ 管理费：指装修公司在为客户装修时进场监工、协调各方面所需的费用。管理费每家装修公司的收取标准不同，通常占装修预算总额的5%～8%，具体由装修公司与客户商定。

❸ 垃圾清理费：指装修公司把室内垃圾收集整理后搬运至小区物业指定地点的费用，不包括拖出小区的费用。

❹ 材料搬运费：指装修公司工人搬运装修材料的费用，尤其是楼层较高且没有电梯的老旧楼房，材料搬运费会比较高。这里的材料搬运费一般不包含业主自购材料的搬运费。

❺ 税金：装修公司需要缴纳的税费。

香溪月园家庭居室装饰装修预算表

8.4.2 家装工程施工合同

1. 家装工程施工合同的主要内容

合同内容主要有工程概况、双方基本信息、装修内容、工期、材料设备供应、工程变更、验收标准、质量及验收、工程价款及结算、索赔、施工安全及防火、违约责任、保修条款、其他约定等，具体见《家庭居室装饰装修工程施工合同》。

2. 家装工程施工合同签订的注意事项

（1）工期：通常工期为60天，别墅工期通常控制在90天；根据不同地域的气候及季节可以适当延长，例如在我国北方，冬季装修的时间就需要延长。

（2）工程承包方式。

家装工程的承包方式主要有3种：包工包料（全包）、包工及部分包料（半包）及包工不包料（包清工），目前装修市场上比较常见的是包工及部分包料的方式。

❶ 包工包料，即全包，所有材料由装修公司提供，包括主材及辅材。

❷ 包工及部分包料，即半包，部分材料由装修公司提供，还有部分主材由客户提供。

❸ 包工不包料，即包清工，所有装修所用材料由客户提供，装修公司只提供工人施工，通常是请工程队施工。

（3）付款比例：具体付款时间及比例需业主与装修公司商议。现在常见的付款方式是开工预付20%、中期（水电完工后）付35%、中后期（木工进场前）付30%、后期（乳胶漆进场）付12%以及尾款3%；预付款不宜过多，每一次支付进度款前一定要确定之前的工程是符合要求的，尾款一般在装修6~12个月后没发现装修质量问题的情况下，才能支付；另外付款的相关事宜在施工合同里要注明。

家庭居室装饰装修工程施工合同

合同附件表格

（4）保修条款：卫生间及外墙防漏保修3年，其他工程保修1年。

（5）合同附件：包括"装修工程预算表""装饰施工内容表""甲方提供材料、设备表""主材料报价单""工程项目变更单""工程质量验收单""工程结算单""工程保修单"及施工图纸等文件。

　　到国家市场监督、管理总局或当地市场监督管理局网站下载正规的《家庭居室装饰装修工程施工合同》并填写，依据施工方案设计图纸编制一份家装工程预算表。

项目总结

　　本项目重点介绍了施工图设计的绘制规范和设计施工注意事项、《家庭居室装饰装修工程施工合同》及家装工程预算表，并通过案例分析了施工图的绘制内容及要点。通过施工图绘制教学与实训，大家应掌握室内平面图、室内顶面图、室内立面图、构造详图及电气照明施工图等图纸的绘制规范，了解施工图绘制的注意事项。这是设计师必须掌握的基本技能和方法。当然，施工图的绘制与施工工艺关系密切，大家还要通过项目实训逐渐了解施工过程及掌握施工工艺。

思考与练习

一、多选题

1. 室内立面图的主要内容包含哪些?（　　　　）

　　A.墙面造型、材质及家具陈设在立面上的正投影图

　　B.门窗立面及其他装饰元素立面

　　C.立面各组成部分的尺寸、地坪吊顶标高

　　D.材料名称及细部做法说明

2. 一份规范的预算表包含哪些?（　　　　）

　　A.主材费用　　　B.辅材费用　　　C.预算说明　　　D.人工费用

　　E.工艺说明　　　F.材料说明

二、填空题

1. 平 面 电 气 图 主 要 包 括 ＿＿＿＿＿＿＿ 、 ＿＿＿＿＿＿＿ 、 ＿＿＿＿＿＿＿ 及 ＿＿＿＿＿＿＿ 等。

2．单控开关是指一个开关控制一件或多件电器，根据所接电器的数量又可以分为_____、_____、_____、单控四联等形式。

3．双控开关可以同时控制一件或多件电器，根据所接电器的数量还可以分为_____、_____等形式。

三、简答题

1．立面图绘制的注意事项有哪些？

2．家装工程承包方式有哪些？

3．节点图、大样图绘制的注意事项有哪些？

知识拓展

建筑室内装饰装修
设计线型及比例

常用图纸比例

项目9
设计方案实施

知识目标

1. 了解施工现场技术交底的内容流程

2. 了解设计师在施工现场跟进的主要任务

3. 了解竣工图绘制的要求

能力目标

1. 掌握居住空间施工现场技术交底的内容与特点

2. 学会填写设计交底记录及家装设计工程变更单

3. 学习绘制竣工图

素质目标

1. 树立专业信仰，培养良好的职业道德
2. 树立正确的艺术观和创作观
3. 培养善于沟通、团队协作等社会能力
4. 培养独立自主、积极向上的优良品质

思维导图

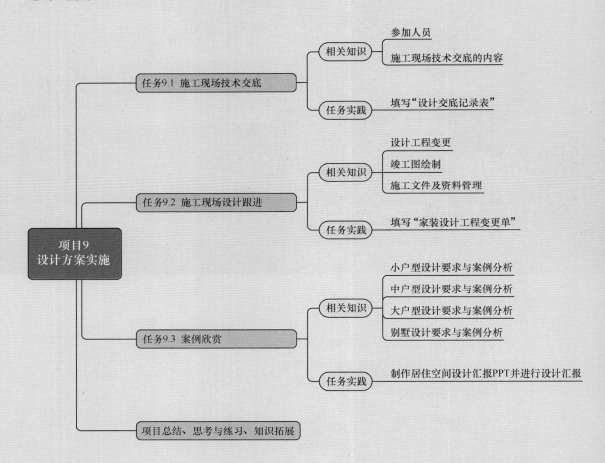

在设计方案实施阶段，设计师需要到施工现场完成施工技术交底、施工现场设计跟进与施工图的完善和深化。在工程完成后需要绘制竣工图、编制施工项目决算书、汇总施工设计过程中的档案资料等。

课前准备

1. 查询小户型有哪些特殊设计要求。
2. 思考并查询别墅的主要功能有哪些。
3. 完成设计方案汇报的资料准备工作。

任务9.1
施工现场技术交底

装修公司与客户对装修方案及装修预算达成统一意见后，双方签订《家庭居室装饰装修工程施工合同》，然后约定开工时间。开工时的现场技术交底是装修工程实施的关键步骤。施工现场技术交底的目的是让施工人员和业主详细了解装修设计的内容、具体的施工工程项目、技术质量要求、施工工艺与措施等，督促施工人员科学地施工，避免出现技术质量问题及施工安全事故。

9.1.1 参加人员

施工现场技术交底一般由设计师、客户、工程监督（监理）、施工负责人和主要的技术工人共同参与。设计师带来完整的设计图纸，向施工相关人员详细讲解设计方案、施工工艺要求及施工安全要求。

9.1.2 施工现场技术交底的内容

施工现场技术交底主要有3方面的内容，即设计交底、施工技术交底及措施与安全交底。

1. 设计交底

设计师根据图纸要求，交代空间的功能、造型与特点，设计意图，设计要求等，对设计风格、整体色彩、设计亮点、施工节点部位等做详细说明，明确施工图纸的范围、施工图纸所达到的图纸深度及需要现场再深化设计的内容。

2. 施工技术交底

（1）确认需要施工的具体装修项目，明确施工范围、工程量和施工进度要求。

（2）检查装修前现场存在的问题。例如，是否存在漏水、受潮、防水等问题。在施工之前对存在的问题做出相关责任的判定，避免装修后因建筑质量问题导致返修，造成人工与材料的损失。

（3）对各个施工项目的通用做法或细部处理、施工措施、操作工艺、材料规格及物料手册进行说明；对工艺质量标准和评定办法、技术检验、验收标准、增产节约指标等提出要求。

3. 措施与安全交底

对现场施工人员进行安全教育，对施工现场的安全作业、防火措施等提出要求。

9.1.3 填写"设计交底记录表"

"设计交底记录表"是工程技术档案中的重要文件。相关人员要详细记录具体施工项目的内容和施工要求，并当场填写"设计交底记录表"，用文字把主要的设计、施工内容和要求记录下来。在后续施工过程中如果发生工程变更，则需要填写"工程变更单"详细记录变更内容。"设计交底记录表"如下。

（1）施工现场如果需要保留设备，设计师应列出详细清单，对保护要求、数量、品质等进行文字说明。

（2）记录现场下水道堵塞、屋顶漏水、墙面渗水、建筑门窗损坏等质量问题，需要记录具体位置并用文字说明问题的具体情况。

（3）用文字详细描述有特殊做法的施工工艺，结合草图或正规图纸来补充说明。

知识拓展

设计交底记录表

（4）"设计交底记录表"由客户、设计师、监理及施工单位签字确认后，与协议文件和家装合同具有同等的法律效力，在施工以及以后的合同执行过程中必须遵守。

任务实践　填写"设计交底记录表"。

任务9.2
施工现场设计跟进

　　到施工现场跟进是设计师的一项重要工作，在合同中会有明确的次数规定，通常为3~5次。但实际上，为了保证装修效果及施工质量，让施工能顺利进行，设计师到施工现场的次数通常会超过5次。

　　施工图交给施工单位后，施工人员会仔细研读图纸，然后就图纸存在的问题及不明白的地方与设计师沟通，由设计师进行答疑。在施工过程中，部分重要设计内容还需要设计师到施工现场解决。

9.2.1　设计工程变更

　　设计工程变更是指对原施工图纸和设计文件中所表达的设计标准及内容进行改变和修改。设计工程变更的原因主要有以下几种。

　　（1）因设计师工作疏漏所造成的漏项及图纸错误，图纸尺寸与现场不符等，需要对原施工设计进行修改或补充。

　　（2）因客户的装修资金投入或设计想法发生变化，需要更改设计内容或装修材料。

　　（3）因供应商的材料或设备缺货，需要更换新材料或设备，需重新确定材料的尺寸、品牌或设备的型号。

　　（4）施工单位因工程进度、施工质量的需要，对施工工艺及施工图的节点、尺寸进行调整。

　　以上这些问题都会导致家装工程设计的变更或调整，并造成施工项目、工程造价等发生变化。任何设计及施工变更都需要经过客户、设计师及施工单位的协商，在意见统一后由设计师变更图纸并填写"家装设计工程变更单"，由客户、设计师、监理、项目经理共同签字后才可以实施。

知识拓展
家装设计工程变更单

9.2.2　竣工图绘制

　　竣工图是施工费用决算的依据，也用于装修公司及客户存档。在装修工程完成后，设计师要依据最后的装修工程状况绘制竣工图，施工过程中的设计与材料的变更情况要在竣工图中清晰表达。

9.2.3 施工文件及资料管理

在装修项目完工后，设计师需将全部设计文件、设计施工图、竣工图、工程预决算、施工变更单等相关文件的电子稿及图纸分类存档，以便于日后进行资料管理与其他项目调用。

> **任务实践**
>
> 填写"家装设计工程变更单"。

任务9.3
案例欣赏

居住空间设计的户型及面积都会影响设计效果，不同户型及面积的居住空间，其设计要求及使用功能也会有所不同。下面来分析小户型、中户型、大户型及别墅的设计案例，从中了解各种户型的特点及设计要求。

9.3.1 小户型设计要求与案例分析

小户型通常指面积在60m²以下的单身公寓或商务公寓。小户型一般靠近市中心，交通出行方便，生活配套设施非常齐全，与商业、办公设施紧邻，小户型的住户以单身的年轻人、年轻夫妻居多。

1. 小户型设计要点

小户型面积虽小，但功能齐全，能在较小的空间内满足起居、会客、就餐、学习、烹饪、如厕、洗浴、睡眠、储物等基本功能需求。小户型的缺点是面积小、户型单一，有的小户型朝向与房型有缺陷；空间功能交叉；开间较小，进深比较深，所以采光及通风会较差。但是经过精心合理的设计，小户型也能让业主在享受便利生活的同时满足其基本居住需求。在小户型设计中应该注意以下几点。

（1）设计新颖时尚。

小户型的业主以年轻人为主，在设计上追求简洁、时尚，设计风格多为现代简约风格；色彩上要结合当代流行色，家具体型较小且时尚，具有个性化的设计，尤其受年轻人的欢迎。

（2）空间功能互借。

小户型因空间、面积有限，会互相借用功能，有时会共用一个空间或局部功能交叉。通常会互相借用客厅与餐厅、书房与餐厅、书房与卧室、阳台与洗衣间这些空间的功能。

▲ 挑高小户型设计

（3）面积合理分配。

由于户型单一、面积受限，小户型需要合理分配基本功能区域，且各个功能区域的面积都非常小。小户型的客厅加上餐厅的面积一般为12m²左右，卧室为10m²左右，卫生间为3~5m²，厨房为5m²左右，有时厨房会布置在阳台或入口走道位置。

（4）吊顶造型简洁。

平层小户型的层高大多较低，繁复的吊顶造型会加强顶部空间的区域感，从而造成压抑感。为了保证视觉效果，小户型的顶部设计宜简洁、明快，往往采用非常规的装饰手法，只做局部吊顶或不做吊顶。

（5）隔断通透、可移动。

固定分隔和硬质隔断会占用较多的空间，使小户型变得更加狭小。所以小户型往往使用玻璃隔断、活动屏风、带滑轨的拉门来对空间进行分割。这样对光线与视线的阻碍较少，又能灵活组合，使空间在使用不同的功能时能灵活变动。

（6）家具小巧可变。

为了使空间不拥挤并保证交通顺畅，小户型适合选择尺寸较小、可移动、可折叠的家具，有些还可以选择隐藏式家具。例如把床设计成抽拉式，不睡觉时把床竖起后放入墙上的柜子，与柜子合为一体；或者采用升降床，不睡觉的时候把床升到顶部，变成吊顶的一部分。这些设计都是为了增加小户型的活动空间。家具设计注重功能、尺寸的变化，比如抽拉式餐桌设计，来客人的时候，可以增加餐桌面积，平时可以收缩变小而不占用过多空间。这些巧妙的设计，可达到扩大使用面积、变换空间功能的目的。储藏收纳家具可以结合柱子、角落来巧妙设计，尽量不要影响交通动线。

▲ 隐藏式床架

▲ 抽拉式餐桌

（7）色彩明亮清新。

小户型空间狭小，适合采用明快、低纯度的色调，这类色彩能给人清新开朗、明亮宽敞的感觉。小户型不适合采用大面积深色系的配色，那样会使空间显得更加狭小。

2. 项目案例

本案例是一个58m²的小户型，设计师在满足业主的功能需求的基础上，对空间进行合理规划，让每一个区域都达到舒适的效果。本案例的设计风格为北欧风格，以蓝灰色、浅木色、白色等为主色。白色地面与蓝灰色墙面搭配，蓝白色调的空间有洁净的清爽感，家具颜色选择洁净的白色与天然的原木色。家具和装饰选择温润的木材与质朴的棉麻布品搭配，让天然材质与清爽色彩相协调。

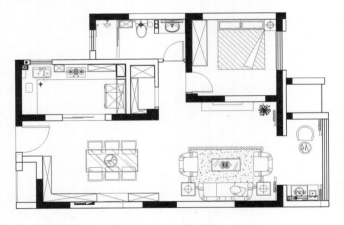

▲ 平面图设计 蒋中华（学生习作）

知识拓展

小户型家装项目实训任务书

知识拓展

小户型设计图集

该小户型的面积不大，但空间设计得非常紧凑，功能齐全。卧室、客厅、餐厅、厨房及卫生间都得到了合理分配。平面布局简洁、便利，玄关、餐厅靠近入口布置，起居室靠近景观阳台。

▲ 入口玄关及餐厅效果图　蒋中华（学生习作）　　　▲ 客厅效果图　蒋中华（学生习作）

　　入口玄关设置了鞋柜及储物柜，方便换鞋并满足储物需求。木色家具与白色柜门搭配，使得整体色调自然清新。就餐区紧靠厨房，方便上菜。墙面以蓝灰色乳胶漆装饰，搭配白色吊顶及白色地砖。餐椅的尺寸较小、造型简约，时尚的蓝灰色椅子与墙面颜色相呼应。餐厅面积虽然不大，但很实用，靠墙的橱柜提供了足够的储物空间。

　　客厅靠近朝南的景观阳台，通风及采光都极佳。整个空间不做任何分隔，保证了餐厅与玄关的通风和交通的顺畅。软布沙发的表面为棉麻材质，舒适温暖，配合浅蓝灰色墙面及色调柔和的几何图案工艺地毯，既体现了现代与自然的融合，又彰显了质朴氛围。

　　卧室是业主的私密空间，分为学习区与休息区两个区域。家具颜色为原木色与白色，简洁明快、纯净自然。造型别致的床头柜、抽屉式收纳床、小巧的书桌、靠墙的书柜，不仅满足了业主对卧室的使用功能需求，还兼顾了储物的功能。

　　卫生间采用三分离设计，满足洗漱、淋浴、如厕等主要功能需求，提高了使用效率。

9.3.2　中户型设计要求与案例分析

　　住宅面积为80～120m² 的户型为中户型，常见的套型有"两室两厅"或"三室一厅"，适合居住的人群为新婚家庭或三口之家。

1. 中户型的设计要点

　　中户型是最常见也最受欢迎的一种户型，其特点是面积适中、功能实用、套型丰富、房屋总价适中，通常适合单身人士、两口之家及三口之家居住。中户型在设计时需要注意"公私分离"，客厅、餐厅及厨房等公共空间要综合家庭成员的意见进行设计。卧室、书房等私密空间可以根据家庭成员的审美情趣及各自喜好来设计。

　　中户型主要的设计要点如下。

　　（1）功能分区明确。

　　中户型的功能分区比较明确，需满足会客、起居、娱乐、学习、就餐、卫浴、休息、储物等基本功能需求，各功能空间既要相互独立又要有所联系。

（2）面积分配恰当。

中户型的面积紧凑，客厅面积一般在20㎡左右；卧室有2～3个，但面积都较小，主卧面积通常在15㎡左右，次卧面积在10～12㎡；厨房面积不小于5㎡；卫生间面积在5㎡左右。

（3）卫生间干湿分离。

中户型一般有一到两个卫生间，在人口较多的家庭可以采用"二分离"或"三分离"形式，方便多人同时使用，提高卫生间的使用效率。

（4）储物空间足够。

中户型适合有孩子的三口之家居住，因此需要较多的储物空间，在设计时要考虑到有足够的储物空间。

（5）动线设计合理。

中户型的空间功能复杂，对动线设计的要求较高。在设计时，访客动线、家人动线及家务动线尽量不交叉、不重合。

2. 项目案例

本案例为116㎡的中户型，以藕色、白色、冰川灰、米灰等为主色调，选取栗色的木质家具与灰色墙面搭配。装饰风格为华丽时尚的轻奢风格，适合既注重起居品质又不过分张扬的人群。设计中以功能为先，适当兼顾舒适、优雅等特性。本案例中的艺术品陈设采用金属装饰线条来阐释雅致、轻奢的装饰美学，金属材质的灯具、皮质沙发透露着精致与奢华。墙面、地面、家具、陈设的造型简洁、工艺精巧，强调质感和细节。

▲ 客厅效果图　周婉晴（学生习作）

客厅的设计静谧而富有诗意，沙发背景墙面选用灰色护墙板，以装饰线条勾勒，复古而优雅。在色彩搭配方面，为了避免空间氛围过于清冷，点缀了一个鲜亮的橙色单人沙发。在整体的灰色调中，墨绿色沙发优雅的线条显得更加迷人。墙面上色彩明丽的艺术装饰画丰富了空间色彩。光洁的白色大理石电视背景墙、金属元素的灯具、皮质沙发，提升了空间的奢华感。

餐厅统一为简洁清爽的白色基调，金属树枝形的灯饰配上大理石台面的餐桌，精心描绘了理想中的生活情境。

▲ 餐厅效果图　周婉晴（学生习作）　　　　▲ 主卧效果图　周婉晴（学生习作）

　　主卧的色彩内敛而雅致，浅藕色床靠背与冰川灰背景墙搭配，蓝色窗帘与豆沙色床品搭配。床品虽然属于红色系却不跳脱，窗帘虽为蓝色但不暗淡。白色造型的顶面搭配金色灯饰，装饰出一份精致的轻奢韵味。

　　次卧清新的灰白色墙面搭配原木色的家具，令人感觉轻快而愉悦。冰川灰的床品弱化了过于冷淡的蓝灰色窗帘与墙面。

　　书房满墙的藏书，令爱书之人心动不已。舒适的单人沙发安置在安静的窗前。闲暇时间，拧亮落地灯，泡上一杯清茶，捧起一本书，就可以度过一个悠闲安逸的假日。

知识拓展

中户型家装图集

▲ 次卧效果图　周婉晴（学生习作）　　　　▲ 书房效果图　周婉晴（学生习作）

9.3.3　大户型设计要求与案例分析

　　大户型一般指面积在120m²以上的户型，其形式丰富，有"平层""错层""跃层""复式"等类型。套型有"三室两厅""四室两厅"。大户型适合四口之家或三代同堂的家庭居住。

1. 大户型设计要点

　　大户型的空间布局着重考虑空间的实用性，公共区域是家人团聚、会客的重要场所，因此需要重点设计。家庭成员多，但年龄不同，个性及审美情趣也不同，所以私密区域需要根据家庭成员进行个性化设计。

（1）功能分区明确。

大户型面积较大，空间宽敞，各功能区之间相对独立，可以分为"公共活动空间""私密性空间"和"家务活动空间"，空间布局上能做到"公私分离""动静分离"及"干湿分离"。"三室两厅"的大户型主要有休息区、会客区、就餐区、储物区、家务区、盥洗区等。

（2）动线设计合理。

大户型居住的人口较多，所以访客动线、家人动线及家务动线应尽量不交叉、不重合，尽量保护家庭成员的隐私，不影响家庭成员的休息。

（3）景观环境较佳。

大户型一般处于小区的中心地带，建筑周围的景观环境比较好。大户型的客厅通常连接景观阳台，视野开阔，采光及观景效果俱佳。

（4）餐厅、客厅独立。

大户型餐厅面积较大，因为就餐人数较多，所以餐厅应与客厅分开，就餐区域独立、完整。

（5）主卧功能齐全。

大户型的主卧一般设置在走道的最里面，比较安静、舒适。主卧面积较大，有的主卧除了休息区，还配有主卫、书房及步入式衣帽间。主卧的主要功能有休息、休闲、更衣、化妆、办公、洗漱等。主卧通常设有飘窗，景观环境及朝向也比较好。

（6）主卫豪华设计。

大户型通常配有多个卫生间，如果主卫的面积较大，且设计相对比较豪华，则可以同时配置浴缸及淋浴器，并设置两个洗脸盆。次卫的设计较简单，只配置淋浴间、洗脸盆、马桶。

（7）中西厨房设计。

有些大户型会配置中、西双厨房及吧台。西式厨房开放式设计，中式厨房封闭式设计。

2. 项目案例

本案例的建筑总面积约为200m^2，处在环境优美、交通便捷的小区。根据业主的设计要求与风格偏好，本案例的设计风格定位为新中式风格。新中式风格是近几年很受中老年客户群体欢迎的一种风格，是在充分理解我国传统文化的基础上，对传统文化的合理继承与创新发展。新中式风格不是纯粹的传统文化元素的叠加，而是我国传统文化在时代背景下的延续与演绎，是对中华传统文化的创新使用。

入口玄关处色调沉稳、大气内敛。玄关柜的造型简洁，工艺品陈设精美，墙上的传统图案装饰画是玄关重要的装饰物。

▲ 客厅效果图　杨文慧（学生习作）

　　客厅的面积较大，设计师在软装搭配上选用了比较大气的中式风格沙发以及主灯来弱化客厅的空旷感。客厅以浅色为主色调，深色为对比色，适当加入不同色相的灰色，使整体显得清新淡雅。灰色与白色的搭配时尚大气，灯具及家具上精美的金属线条给高冷的空间增添了几分活力。深色书柜让客厅空间得到了合理的利用，书架及墙面上的山水抽象装饰画凸显出业主的文化品位。

▲ 餐厅效果图　杨文慧（学生习作）　　　　　▲ 茶室效果图　杨文慧（学生习作）

　　餐厅是一家人聚餐交流的场所，也是宴请宾客的地方。餐厅以白色为主色调，极具中式风格的灯具、家具及移门设计，无不彰显着业主对中国传统文化的喜爱。深色餐桌椅用金属色加以修饰，与浅色地砖墙布形成对比。蓝灰色窗帘与墙上挂画的色彩相互呼应。富有特色的古风吊灯与家具风格统一、大方得体。

　　茶室应该是本案例中最具中国韵味的地方，线条简洁的圈椅与深木色的桌案和谐搭配，大气雅致。古风的中国山水画使茶室更具意境，为业主提供了一个会友、品茶的高雅空间。

▲ 主卧效果图　杨文慧（学生习作）　　　　　▲ 次卧效果图　杨文慧（学生习作）

主卧以灰白色调搭配，适当加入一些柔和的亮色，使空间层次分明、清新舒适。背景墙采用银灰色且带有凹凸肌理的墙纸，并搭配自然风格的装饰品。新中式风格的卧室家具，使主卧既时尚，又具有传统韵味。石膏板造型吊顶线条硬朗、简洁，配合筒灯及灯带设计。鸟笼造型的吊灯使冷暖交替的灯光设计与清爽的色调相辅相成。

次卧简洁大方、宽敞明亮。蓝灰色墙面与床上白色的布草互为映衬。背景墙用蓝灰色硬板做造型处理，黄色的花鸟绘画，让背景墙更显精致。床上用品以蓝色、白色为主色调，在原木色地板的烘托之下，从视觉上让人感觉干净清爽。

知识拓展

大户型家装项目实训任务书

知识拓展

大户型家装图集

9.3.4 别墅设计要求与案例分析

别墅通常指前后带有花园的居住空间，是高档的居住或度假休闲的场所。别墅建筑的功能较为齐全，设计比较复杂。

1. 别墅的设计要点

别墅的起居空间一般较为宽敞、舒适，强调居家的舒适度及居住品质。根据不同的居住需求，别墅拥有具有多种功能的独立房间，还有一些附属房间。别墅的交通动线由户外庭院进入入口门厅，再进入客厅、餐厅，再分流到各房间，灵活机动。别墅的设计讲究"引景入室"，使业主能享受大自然之美。

（1）功能分区要细化。

别墅功能区的划分不仅要符合家庭成员的日常生活规律，还要满足社交礼仪、会客起居等方面的生活需求。别墅的功能区较丰富，主要有车库、玄关、电视厅、餐厅、会客厅、中/西式厨房、卫生间、卧室、书房、家庭影院、衣帽间、工人房、储物室、茶室、酒窖、收藏室、棋牌室、花园等。这些功能区可归类为以下几个大区域。

公共区域：玄关、会客厅、餐厅、家庭影院、中式厨房、西式厨房、早餐厅、阳台、茶室、棋牌室、客卫等。

私密区域：主卧、次卧、儿童房、客房、主卫、书房、收藏室等。

后勤区域：储物室、酒窖、衣帽间、梳妆间、车库、工人房等。

室外区域：入口、前院、后院、平台、泳池等。

如有需要，可以对原有建筑功能进行适当调整，使功能布局更加合理。如果是长期居住的别墅，在设计时首先要考虑其实用性，度假休闲别墅的设计则可以艺术化一些，充分体现业主的审美及个性。

（2）动线设计要私密。

别墅的动线设计要注意访客动线与家人动线分离。通常一层主要为客人的活动区域，保姆工作与生活的空间一般也在一层。而二层为家庭成员的活动区域。别墅越往上越私密，所以主卧一般设置在别墅的顶层，次卧通常会设置在二层，主卧的设计要重视舒适性和私密性，注意卧室门不要正对着楼梯。

（3）装修风格要一致。

别墅装修风格的确立对整体设计起着重要的作用。装修风格最能体现业主的文化品位与经济实力，通常别墅内部的装修风格最好要与建筑风格、小区整体环境一致。

（4）装修预算要控制。

别墅装修面积较大、装修项目多，很容易超出装修预算。在别墅装修前要确定重点装修项目，在装修过程中严格控制装修预算。

（5）装修材料要安全。

在装修过程中，要确保所采用的装修材料符合环保、安全的要求。尤其是地面材料，过于光滑的玻化砖、大理石等材料可能会导致老人及小孩摔跤，从而造成伤害。

（6）灯光设计要节能。

别墅总面积大、楼层多，容易造成电力能源浪费。在设计灯光时考虑智能化设计，采用声控、遥控器等方式控制照明状态。

（7）色彩设计要明快。

别墅的色彩一般依据风格来配置，不宜选择大面积的深色调，以免使人感到沉闷、压抑。

（8）软装设计要精致。

别墅的软装设计需要有特色且精美，在关键地方可点缀一些主人的收藏品。在细节设计上体现舒适性，精致、合理的配饰会起到画龙点睛的作用。

（9）装修设备要配套。

别墅的水电设计相对比较复杂，涉及中央空调、安防设备等，设计时需要通盘考虑与协调处理。

2. 项目案例

本案例是别墅设计，常住人口为业主夫妇及其儿子。业主性格较为随性，对设计的要求是以舒适、实用为主。男业主为企业经理，女业主为教师，两位业主偏爱新中式风格。

负一层的采光不太好，可通过改造部分墙体，增加室内空间的采光。负一层的主要功能为休闲、健身及保姆的生活区。

一层的主要功能是用餐、会客与休闲。把一层的卫生间和客厅打通，合成一个完整的空间，客厅会客区较长，用隔断分为两个空间，一边为会客区，另一边为品茗区。把对着电梯门的卫生间门改造为隐形门，卫生间更换进门方向。独立餐厅紧靠厨房，对餐厅及厨房的墙体稍做改动，使餐厅面积变得更大，也提升了厨房的使用率和开放度。

入口小庭院设计，简洁干净，容易打理，满足业主对田园庭院生活的向往；选择天然、朴素的环保材料，木制踏步自然、舒适、防滑、方便打理。植物墙与低矮灌木配置，为空间增添绿意，又不遮挡庭院的光线。

客厅的设计注重挖掘中国传统元素，营造业主喜爱的传统文化意境，在陈设上融入优秀传统文化，将鼓凳、鸟笼、青花瓷瓶等中式设计元素的陈设混搭时尚轻奢的灯具，设计出别致的居住空间。

除了客厅，餐厅是另一个重要的会客区，在这里，仿明式家具、仙鹤、中式灯具、中国传统绘画等陈设被合理使用，体现了中国传统文化的独特魅力。

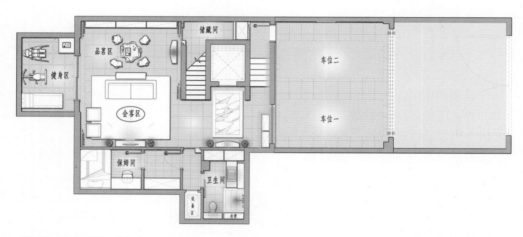

▲ 别墅负一层平面图　蔡旭东

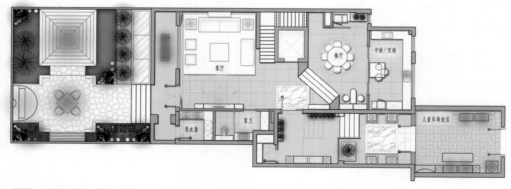

▲ 别墅一层平面图　蔡旭东

二层设定为孩子的生活区，设计了供孩子使用的次卧、书房、衣帽间、卫生间及儿童活动区。把其中一间卧室改成衣帽间与书房，还提供了供客人使用的客卧和客卫。将楼梯口位置改造为内玄关，这样上楼后的视野会开阔很多，交通也会变得很顺畅。原先的阳台并入室内，使通道变得更加宽敞，可以用作儿童活动区兼楼上的起居室。

　　三层是业主的生活区域，设计了书房、衣帽间、卫生间等。书房中设计了榻榻米，可作为储藏空间使用，以月亮门隔断作为分割，可储物、可休闲。原先的过道并入主卧的大套间中，设立吧台，增强主卧的功能性。

▲ 别墅二层平面图　蔡旭东

▲ 别墅三层平面图　蔡旭东

▲ 别墅一层入口的庭院设计效果图　蔡旭东

▲ 别墅一层中式风格客厅效果图　蔡旭东

▲ 别墅一层中式风格餐厅效果图　蔡旭东

▲ 别墅二层次卧效果图　蔡旭东

▲ 别墅二层客卧效果图　蔡旭东

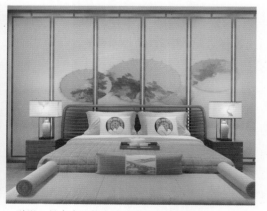
▲ 别墅三层中式风格主卧效果图　蔡旭东

别墅家装项目
实训任务书

别墅家装图集

> **任务实践**　学生进行居住空间设计汇报，设计汇报时需要制作图文并茂的汇报PPT，并对老师及同学做设计方案的汇报，详见居住空间设计汇报任务书。

居住空间设计汇报
任务书

设计汇报PPT案例1

设计汇报PPT案例2

项目总结

　　本项目重点介绍了施工现场技术交底、设计变更、竣工图绘制等内容，使学生了解设计师在施工过程中的主要跟进内容及要求。为了保证设计取得预期效果，设计师需要抓好设计与施工各阶段的设计、施工、材料、设备等环节，协调好客户、施工单位之间的关系，使设计意图和施工要求得以落实，以达到预期的设计效果。

　　本项目选取小户型、中户型、大户型、别墅等相关案例，举例讲解了各类户型的设计要点，帮助读者尽快掌握多种户型的设计要求。通过安排设计方案汇报任务实践，提高学习的趣味性和实践性，锻炼设计沟通能力以及正确评价的能力。

思考与练习

一、填空题

　　1．施工现场技术交底主要有三方面内容，即＿＿＿＿＿＿＿、＿＿＿＿＿＿＿及＿＿＿＿＿＿＿。

　　2．施工现场交底时要记录具体施工内容和要求，并当场填写＿＿＿＿＿＿＿表。

3．任何设计变更与调整都需要征询_____及_____的意见，并签字确认。

4．中户型的面积一般为_____m²左右。常见的套型有_____或_____。

5．大户型面积大，空间宽裕，各功能区之间相对独立，其空间布局应尽量做到_____、_____及_____。

二、思考题

1．造成设计变更的原因主要有哪些？

2．小户型的设计要求是什么？

3．别墅的主要功能有哪些？

知识拓展

知识拓展

施工图各类表格模板